世界が面白くなる！身の回りの数学

佐佐木淳 著　林雯 譯

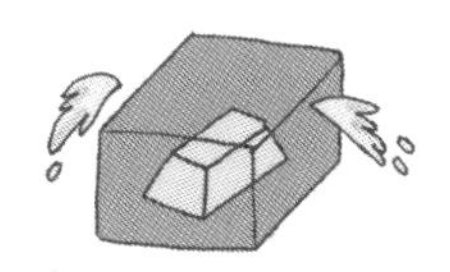

前言

大家好，我是佐佐木淳，在日本山口縣下關市立大學教數學，很高興認識你們。

你們喜歡數學嗎？

大家都說，跟其他學科相比，數學特別令人好惡分明。我身邊不少人有數學恐懼症，遇到困難的數學問題時，就會有人發牢騷：

「數學這東西，到底有什麼用呢？」

如果努力學習了數學的理論與思考方式，卻無法運用，當然會讓人感到不安。

其實在日常生活中，我們經常用到數學的理論與思考方式。

比如說，我們旅行時會搭飛機。飛機是利用機翼的壓力差來維持飛行，而機翼理論就運用了數學的「複數理論」（請見157頁）。最近備受矚目的AI（人工智慧）與數據科學（Data Science）則運用了數學的統計學，成為今後職場不可或缺的知識（請見31頁）。

數學就這樣隱身於我們的生活中，無所不在。除了上述具體例子，本書也會討論購物時用得上的折扣觀點、已成暢銷書題材的「費馬最後定理」（Fermat's Last Theorem）等，說明在日常生活中大家如何使用數學。看過本書後，你對身邊事物的看法會有所不同，你的世界應該也會變得有趣一點。

本書數學公式很少，數學不好的人也不用怕

我先稍微提一下以前的工作經驗。我曾經在防衛省海上自衛隊教過飛行員數學。

為飛行員上課時，有件事我特別謹記在心，那就是要從學生已經「有概念」、「能理解」、「會解題」的地方開始教。我希望從基礎的內容教起，讓害怕數學的人也能享受數學的樂趣。

隨著愈來愈「有概念」、「能理解」、「會解題」，對數學的恐懼就會慢慢減少，自然更能快樂學習。我確實看過有學生因此克服對數學的恐懼。

本書的產生，得力於這段在海上自衛隊擔任數學教官的經驗。為了一步步讓讀者對算術、數學，愈來愈「有概念」、「能理解」、「會解題」，我盡可能減少數學公式。而且，每章都是獨立的，不一定要從第1章讀起，就從你有興趣的章節開始吧！

佐佐木　淳

第1章 生活中用得上的數學、算術

= × < ÷ + > − = × < ÷ + > −

第2章

了解「為什麼」之後，數學的世界就會有趣起來

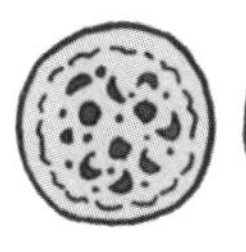
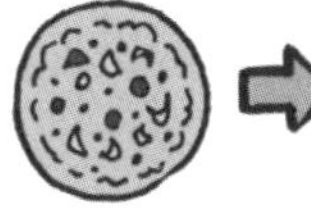

= × < ÷ + > − = × < ÷ + > −

第3章 精彩謎題幫助你 鍛鍊靈活的創意能力

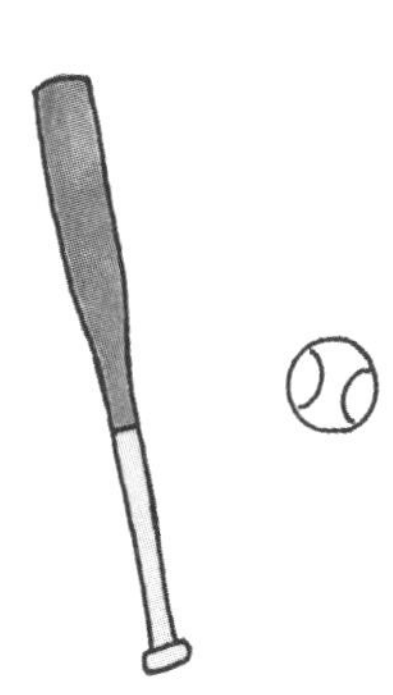

第4章 改變世界的偉大數學家

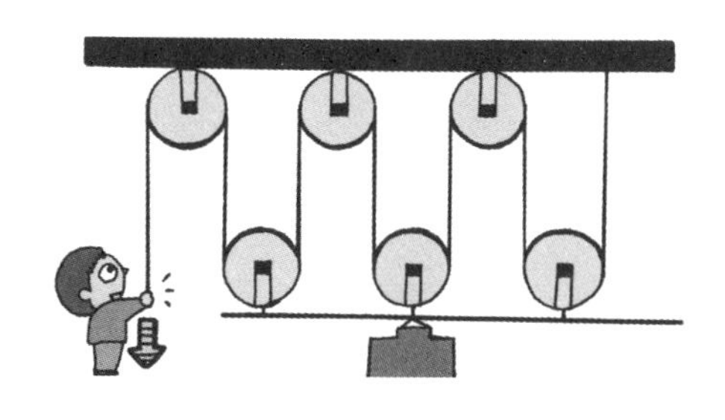

第5章 意外熟悉的數學定理

第1章

生活中用得上的數學、算術

我想，應該有人從學生時代就找不到學習數學的理由，不知數學有什麼用。雖然教科書上沒寫，但AI、數據科學等數學理論與思考方式，在日常生活的一切事物與系統中，都已十分普及。

在第1章，我會介紹數學與算術如何被運用在平日生活中。知道了數學在生活上的實際應用情況，應該能讓你體驗到數學的樂趣。

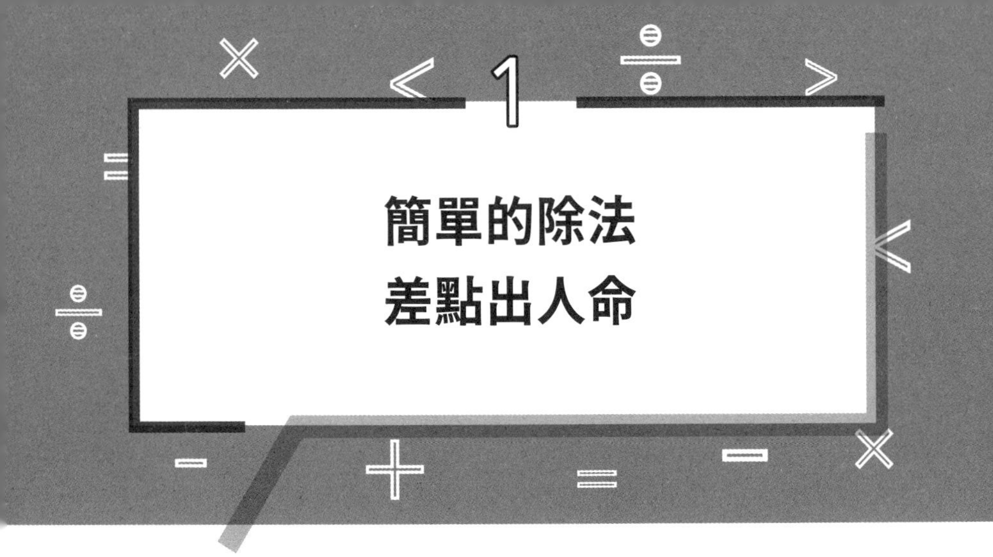

1997 年 9 月，美國海軍導引飛彈巡洋艦（Guided Missile Cruiser）「約克鎮號」（USS Yorktown）的電腦當機，導致引擎故障，大約有兩個半小時停止運轉，無法執行任務，最後由另一艘船拖回港口。這是史無前例的事。

調查結果發現，當機的原因既不是高技術的網路恐怖主義（Cyber-terrorism）行動，也不是武器攻擊，而是簡單的除法失誤。

為何「0」不能當除數？

「加」、「減」、「乘」、「除」稱為「四則運算」。不過，除法有一項禁忌，是加法、減法、乘法所沒有的。

那就是以 0 為除數（÷0）。

大家在小學數學課時應該學過「任何數字都不能除以 0」。如果在計算機輸入「÷0」，螢幕就會顯示「錯誤」或「無法以 0 除數」。

圖 1-1 以 0 為除數（÷0）時，計算機會顯示「錯誤」

其實，「以 0 為除數時，計算機會顯示錯誤」，正是前述約克鎮號當機的原因。

導引飛彈巡洋艦竟然會因為這麼簡單的事情故障，一定讓你大吃一驚吧？但事實就是這樣。接下來，我會解釋約克鎮號當機的原因，並說明 0 不能當除數的理由。

除法有兩種回答方式

你還記得小學數學課堂上，老師教過「除法有兩種回答方式」嗎？

例如「7÷2」，因為除不盡，所以有「3.5」與「3 餘 1」兩

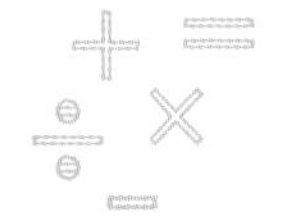

種答案。這兩種答案反映出除法的重要思考方式，請看看下面這個問題。

問題

7 顆蘋果分給 A 和 B，兩人各可得到幾顆蘋果？

這是個簡單的應用題。圖 1-2 就是除法的第 1 種思考方式。

圖 1-2 除法是乘法的相反

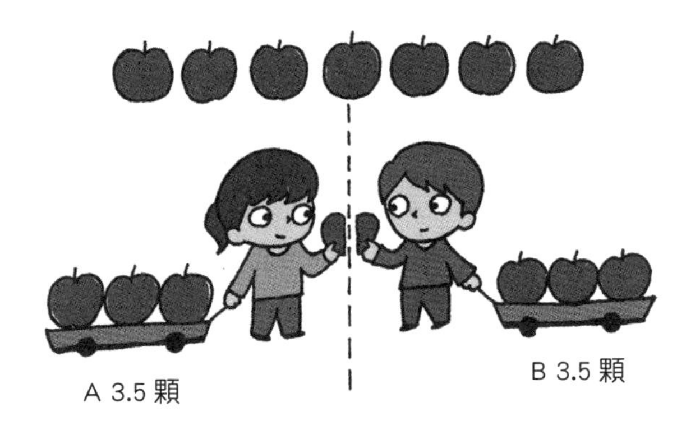

如圖 1-2 所示，A、B 兩人都能得到 3 顆蘋果加上 0.5 顆蘋果；也就是說，答案是「7÷2=3.5」。**這種思考方式就是「除法是乘法的相反」**。

那麼，下一題呢？

問題

有 7 顆蘋果，每人分 2 顆的話，可以分給幾個人呢？

跟上一題不同，這題先決定了每人分配到的蘋果數量。這樣的情況就要用圖 1-3 的思考方式。

圖 1-3 除法是減法的應用

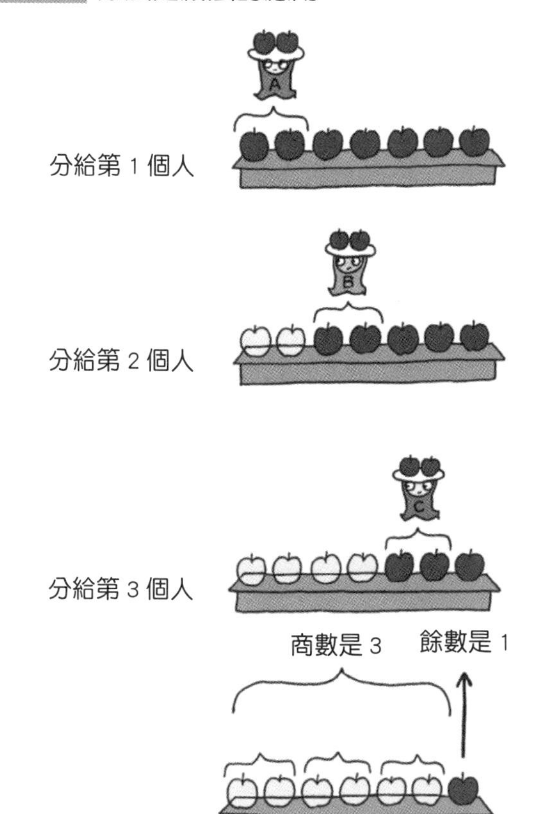

用圖 1-3 的思考方式，答案就成了「3 餘 1」。圖中可看出，7 顆蘋果，每人分 2 顆，最後會剩下 1 顆。**在第 2 種思考方式中，除法成了「減法的應用」**。

如果把除法視為「減法的應用」，**「以 0 為除數（÷0）」就表示連續減去 0，這就是「不能除以 0」的原因**。

以 7÷0 為例，從「減法的應用」的觀點來看，就等於換一種方式問：「7 減去幾次 0 之後，才會變成 0？」但是，7 無論減多少次 0，都仍然是 7，不會有任何改變。於是，答案就求不出來了。

答案永遠求不出來，就是「不能除以 0」的理由。

如果知道計算後得不到答案，我們人類能夠停止計算；但電腦無法自動停止除法，**如果遇到 7÷0 這樣的題目，答案求不出來，它就會不斷重試**。

導引飛彈巡洋艦因「÷0」的計算而故障

「約克鎮號」事件的經過是這樣的。

一名機組人員輸入錯誤的數字，使電腦進行「÷0」的計算。連續的計算消耗了大量記憶體，很快的，因電腦無法處理計算，導致約克鎮號故障。

人類必須教電腦，當答案算不出來時，要給出「算不出來」這個答案，而不要一直計算下去。

因此，**人類指示電腦，「÷0」的答案是「E」(Error，錯誤)**。E 是個警告訊息，是要電腦停止重複計算的「答案」。

「÷0」的計算使導引飛彈巡洋艦無法運作，很令人驚訝吧！

幸好這件事是發生在平時，而非戰時；是在巡洋艦上，而非飛機上，所以並未導致墜機之類的災難，平安收場。否則，很可能會出人命。

數學雖然常把焦點放在解決難題，但**即使是簡單的除法計算失誤，也可能會危及生命**。可見，就算面對平常熟練的簡單計算，也要小心謹慎，不可大意。

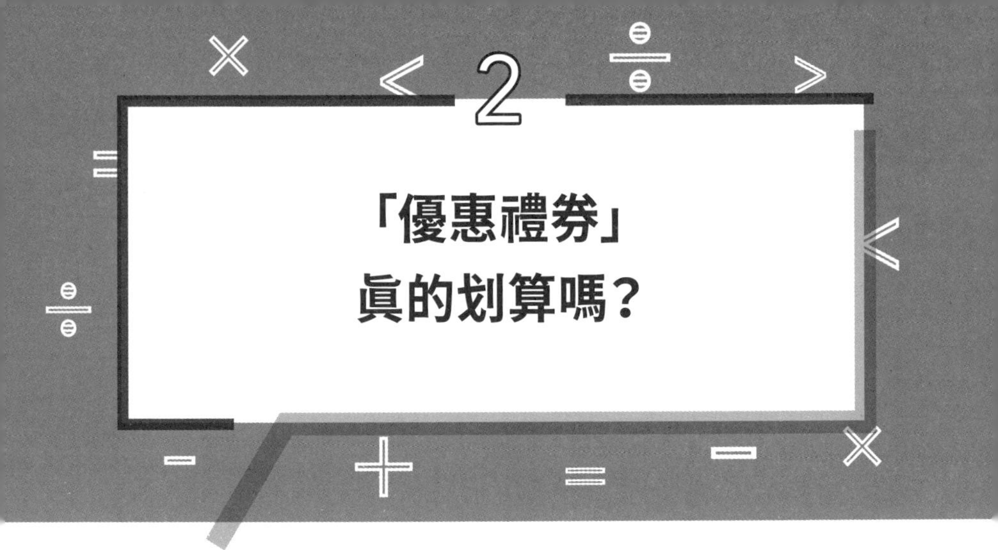

你知道「優惠禮券」嗎？

優惠禮券就是由地方公共團體、公司行號等販賣的優惠券。比如說，你買了 10000 日圓禮券，就可購買價值 12000 日圓的商品。其中的 2000 日圓就是禮金（增加的金額）。最近，禮券有時也會用抽籤的方式販賣，是相當熱門的商品。

這類讓利消費者的優惠活動和商品五花八門，主要可分為以下幾種類型：

①折扣　②回饋點數　③幾人同行 1 人免費

①是商品降低一定比例的價格；②是透過點數將部分價款返還給購買者。購買 10000 日圓，就可得到 2000 日圓點數的「優惠禮券」即屬此類；③是提供特定人數的購買者 100％的折扣（免費）。「免費」這個關鍵字很吸引人，應該有很多人會不知不覺受到誘惑。

其實，這 3 種活動的划算程度差別很大。

大受歡迎的「優惠禮券」真的物超所值嗎？

讓我們以數學的觀點來探討答案。

①折扣與②回饋點數的比較

我們先比較①折扣與②回饋點數的划算程度。

假設有兩種情況。A 情況是 10000 日圓的商品減價 60%，B 情況是購買 10000 日圓的商品券即贈送 60%的禮金。

請見圖 1-4。

A 情況中，支付的價格是 4000 日圓。

B 情況則是「支付 10000 日圓後，返還 6000 日圓」；也可以說是**「16000 日圓的禮券降價 6000 日圓，用 10000 日圓就可以買到」的「折扣」**；折扣率是 6000÷16000 ＝ 0.375，即**37.5%**。

圖 1-4 ①折扣和②回饋點數的差別

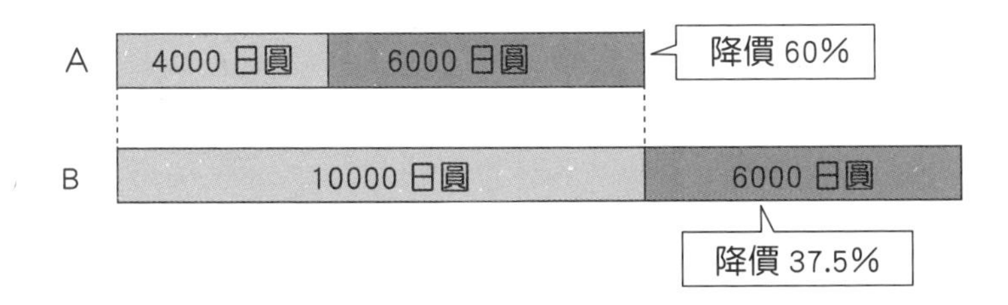

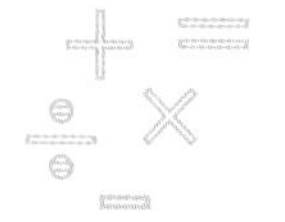

比較支付的價格，就可知道①折扣與②回饋點數在划算程度上的差距。這個案例中，**以折扣率來看，①折扣的方式顯然划算太多了**。

再舉個更極端的例子，兩者的差距就會更明顯。這次我們假設 C 情況是減價 100%，D 情況是贈送 100%禮金的商品券。

C 情況表示「免費」，D 情況則必須購買商品，所以不是免費。

請見圖 1-5。買 10000 日圓的商品券贈送 100%的禮金，也可以說是用 10000 日圓購買 20000 日圓的商品；以折扣的觀點來看，就是「半價」（降價 50%）。C、D 兩種情況**都標榜 100%這個數字，但其實折扣率並不一樣**。

圖 1-5 購買價格 10000 圓商品券的情況

優惠禮金		實際可使用的金額	計算	換算為折扣率
比例	金額			
10%	1000 日圓	11000 日圓	1000÷11000	9.09%
20%	2000 日圓	12000 日圓	2000÷12000	16.67%
30%	3000 日圓	13000 日圓	3000÷13000	23.08%
40%	4000 日圓	14000 日圓	4000÷14000	28.57%
50%	5000 日圓	15000 日圓	5000÷15000	33.33%
60%	6000 日圓	16000 日圓	6000÷16000	37.50%
70%	7000 日圓	17000 日圓	7000÷17000	41.18%
80%	8000 日圓	18000 日圓	8000÷18000	44.44%
90%	9000 日圓	19000 日圓	9000÷19000	47.37%
100%	10000 日圓	20000 日圓	10000÷20000	50.00%

不過，或許有人會懷疑：「真的有贈送 100％禮金的商品券嗎？」實際上，日本山口縣岩國市、岐阜縣中津川市都曾用 5000 日圓販賣 10000 日圓的商品券（贈送 5000 日圓禮金）。

看到「幾人同行1人免費」要提高警覺！

接著，我們來研究一下③「幾人同行 1 人免費」。或許你會認為這是最划算的方式，但從折扣率來看，可就不一定了。

假設有「**10 人同行 1 人免費**」的活動，計算一下折扣率，每人平均才**減價 1 成（10％）**。在折扣、回饋點數等各式各樣的優惠活動中，10％的折扣（打 9 折）並不特別吸引人。

但是，**如果要達到 4 折商品券的優惠程度，就必須「5 人同行 3 人免費」**。但恐怕沒人看過中獎率這麼高的活動吧！

要判斷優惠活動是否真的划算，就不要執著於「免費」這個字眼。重要的是，平時就要注意「換算為折扣的話，實際上有多少優惠」。

將各種不同的優惠內容，放在相同條件（折扣率）之下來比較，就能看出哪一種最划算。

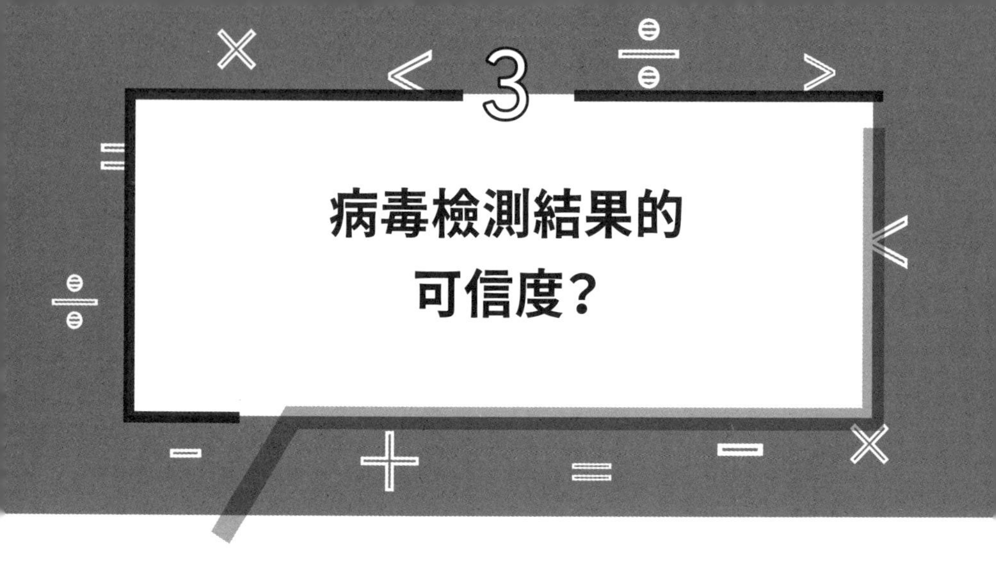

當我們身體不舒服時，會去醫院檢查，確認自己是否生病或感染病毒。

對醫療機構的檢查結果，大多數人會毫不懷疑。不過，雖然現代醫療中有許多檢查疾病與病毒感染的方法，但**目前幾乎沒有任何檢查是 100%正確**。

那麼，醫療機構的檢查到底有多少可信度呢？

「敏感度」與「特異度」

為了方便理解，我只以病毒檢測為例來說明。

病毒檢測的評價標準是「敏感度」（Sensitivity）與「特異度」（Specificity）。

「敏感度」指感染者被正確判定為陽性的比例。敏感度 70%的病毒檢測，在 100 名感染者中，只有 70 人能被正確判定為陽性；其他 30 人即使實際上已感染，仍可能被判定為「陰性」。

實際上是陽性卻被誤判為陰性，稱為「**偽陰性**」（請見圖 1-6）。

圖 1-6 敏感度的意義

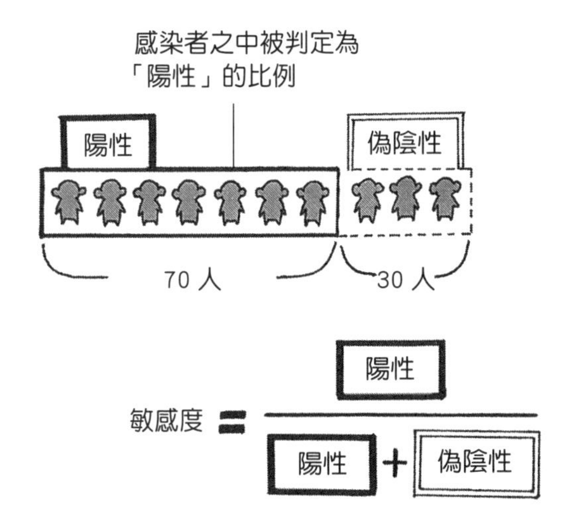

「特異度」指未感染者被正確判定為陰性的比例。特異度 90％的病毒檢測，在 100 名未感染者中，只有 90 人能被正確判定為陰性；其他 10 人即使實際上未受感染，仍可能被誤判為「陽性」，這種情況稱為「**偽陽性**」（請見圖 1-7）。

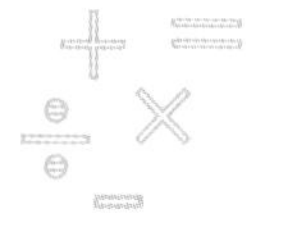

圖 1-7 特異度的意義

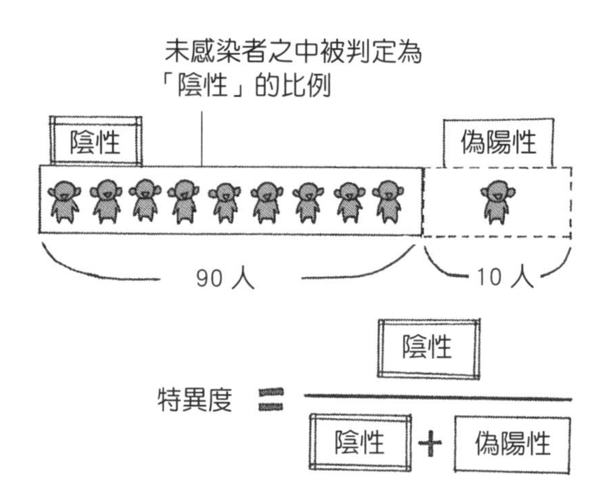

總而言之，兩者的定義如下：

敏感度＝感染者被正確判定為陽性的比例
特異度＝未感染者被正確判定為陰性的比例

如上所述，敏感度與特異度具有完全相反的功能。

敏感度70%的檢測法有多少可信度？

接著，我們用以下問題來探討病毒檢測的精確度（Precision）。

問題

你懷疑自己感染了全球流行的 A 病毒，就到醫院進行 T 檢測，結果呈現陽性。那麼，你實際感染 A 病毒的機率是多少？
假設 T 檢測正確判斷 A 病毒感染者為陽性的機率是 70%（敏感度 70%），正確判斷未感染者為「陰性」的機率是 90%（特異度 90%）；而日本 A 病毒感染者比例為 0.01%，未感染者比例為 99.99%。

如果你當自己真的接受了這個檢查，就更能體會這個問題的有趣之處。

首先，A 病毒感染者經過 T 檢測後，被正確判定為陽性的機率（敏感度）是 70%，所以誤判的機率是 30%。

另一方面，未感染 A 病毒的人經過 T 檢測後，被正確判定為陰性的機率（特異度）是 90%，所以誤判的機率是 10%。

這種情況可簡要表明如下（請見圖 1-8）。

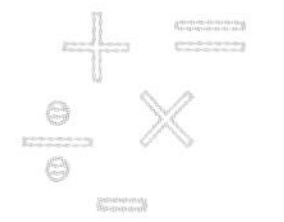

圖 1-8 T 檢測陽性與陰性的比例

	T 檢測呈現陽性	T 檢測呈現陰性
已感染 A 病毒者：0.01%	70%	30%
未感染 A 病毒者：99.99%	10%	90%

我們想知道的是，**T 檢測呈現陽性的你，實際上感染 A 病毒的機率是多少？所以請特別注意圖 1-8 畫底線的部分**。

機率的問題，答案通常以分數的形式表示；因為我們想求出所有事件中，特定事件出現的比例有多少。但是，分數的算式很難理解，所以我們設定具體的數字，不以分數的形式來討論。

假設全體人數為 10 萬人。

A 病毒感染人數為 0.01%，所以是 100000×0.0001=**10（人）**，未感染人數則是 100000-10=**99990（人）**。

求得 A 病毒感染人數後，再來看用 T 檢測「敏感度」的計算結果。感染者 10 人中，陽性為 70%，偽陰性為 30%，因此結果如下：

10×0.7=**7 人（= 陽性）**

10×0.3=3 人（= 偽陰性）

接著我們用未感染 A 病毒者的「特異度」來計算。未感染的 9 萬 9990 人中，被判定為陽性的比例為 10%，被判定為陰性的比例為 90%，結果如下：

99990×0.1 ＝ 9999 人（＝偽陽性）
99990×0.9 ＝ 89991 人（＝陰性）

圖 1-9 T 檢測的判定結果

	T 檢測呈現陽性	T 檢測呈現陰性
已感染 A 病毒者：10 人	7 人	3 人
未感染 A 病毒者：99990 人	9999 人	89991 人

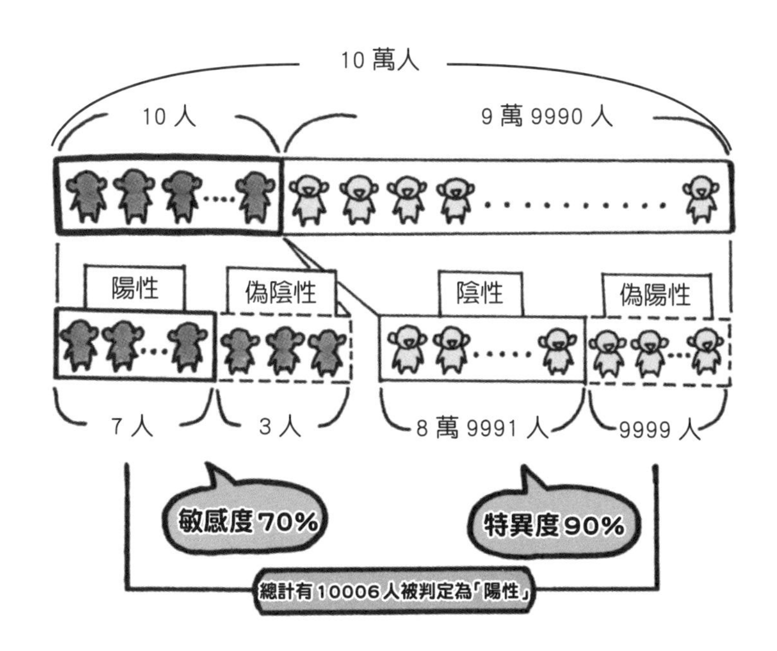

上述內容簡要歸納於圖 1-9。T 檢測呈現陽性反應的人數是 7+9999=10006 人；而實際上 A 病毒感染者為 7 人，所以精確度是 7÷10006 ≒ 0.07。

這樣看來，如果你的 T 檢測結果呈現陽性，實際上是陽性的機率也不高。

當然，不一定要因此否定病毒檢測本身。只是，對大多數毫不懷疑醫療機構檢測的現代人而言，這樣的結果豈不令人意外？

不過，當感染者與未感染者的比例像本案例般有極大差距時，才會有這樣的結果。所以，感染者與未感染者比例懸殊時，可能有必要特別注意。

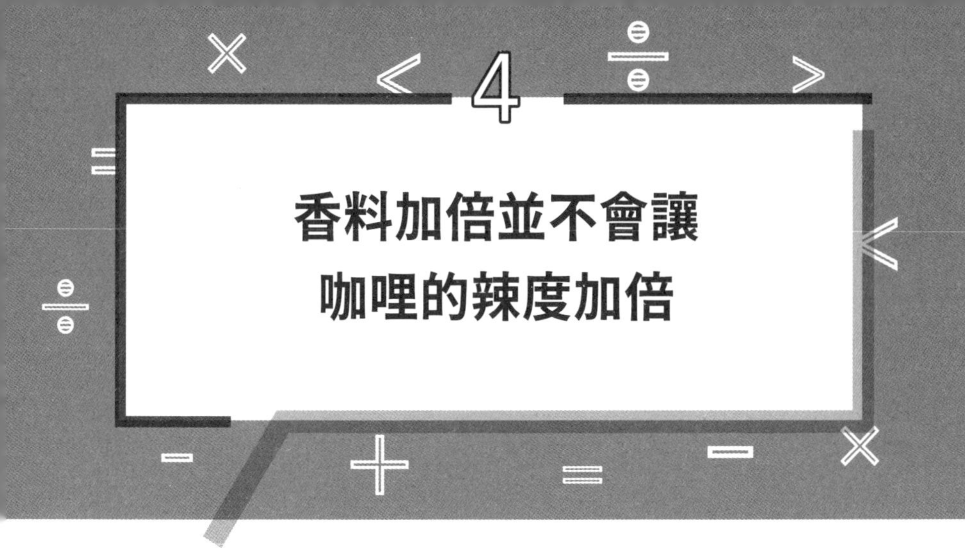

香料加倍並不會讓咖哩的辣度加倍

我在海上自衛隊教了 16 年數學，每週五我們習慣吃咖哩飯。

自衛隊提供的咖哩，辣度選擇很少。外面的餐廳通常都能選擇辣度，你可以選擇偏甜、偏辣或適中口味；也有些餐廳會用數字表示辣度，如 2 倍、3 倍……10 倍、20 倍、30 倍等。

雖然辣度是藉由味覺來感受，**但數學中也有法則，能以量化（以數字表示）的方式描述辣度等人類的五感**。

韋伯－費希納定理

假設你面前目前幾乎沒有任何檢查是 100％正確。有一份咖哩。

如果你想把咖哩辣度調整為原本的 3 倍，該怎麼做呢？實際上，**即使你把香料的辣味成分增加 3 倍，辣度也不會變成 3 倍**。或許你也曾在做菜時大量添加辛辣成分，結果辣度卻不如人意。

剛剛提到有數學法則可將辣度的感覺化為算式。

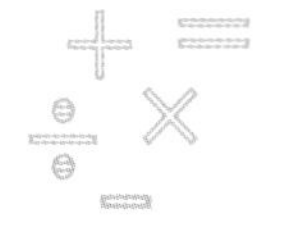

這條法則稱為「**韋伯－費希納定理**」（Weber-Fechner Law），由德國生理學家、解剖學家恩斯特・海因里希・韋伯（Ernst Heinrich Weber）與他的學生古斯塔夫・費希納（Gustav Theodor Fechner）所發現，由兩人的名字命名。

〔韋伯－費希納定理〕
感覺的強度＝（常數）×log（刺激的強度）

定理中的「log」是數學符號，稱為「對數」。「感覺的強度」與「log」（刺激的強度）成正比，「常數」則扮演調整的角色，使兩者之間能以「等號」連結。

將咖哩的「辣度」運用在韋伯－費希納定理，就成了「辣度＝（常數）×log（香料量）」。

如果設咖哩的辣度為 1（即原本的辣度）時，香料量為 10，用此定理計算，結果將如下頁圖 1-10。

從圖中可看出，即使香料量增為 3 倍，也不會像你預期的那麼辣。如果你希望辣度變成 3 倍，**香料量必須增加到 1000 倍之多**。

圖 1-10 香料量與咖哩辣度的變化

香料量	辣度
10	1
100	2
1000	3
10000000000 = 100 億（10 個 0）	10
10000000…00 = 1 垓（20 個 0）	20
1000000…000 = 100 穰（30 個 0）	30

log表示相乘的次數

定理中出現的「log」，簡單來說，就是表示「相乘次數」的符號。這個例子中，我們設定辣度為 1 時，香料的標準量是 10；當香料量為 100 或 1000 時，可轉換為以下算式，用 log 來計算辣度。

100= 10 × 10（10 相乘 2 次）　　1000= 10 × 10 × 10（10 相乘 3 次）

100 是 10 相乘 2 次，log 的計算結果是 2，所以辣度是 2。1000 是 10 相乘 3 次，log 的計算結果是 3，所以辣度是 3。如上所示，表示相乘次數的符號就是 log。而在這個例子中，相

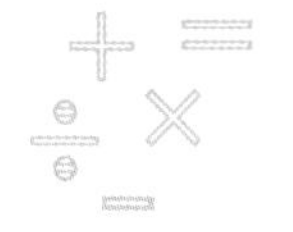

乘次數（log）也可藉由計算 0 的個數而得知。

100 → 2 個 0　　1000 → 3 個 0

現在，你應該可以大致理解 log 了。

因此，香料量為 10 時辣度為 1 的咖哩，如果要將辣度增為 3 倍，可運用韋伯－費希納定理，**計算出所需香料量為 10（常數）×100 ＝ 1000**，即目前辣度所用香料量的 100 倍。

室內晾不乾的衣服發出惱人臭味，該如何消除呢？

韋伯－費希納定理不只可應用在辣度等味覺方面的強度，也適用於嗅覺（臭味）的強度。

生活環境中有許多揮之不去的味道，例如緊閉房間裡令人不快的悶臭味、未乾透衣服的霉味等。你應該會嘗試用各種方法去除，例如讓空氣流通、使用芳香劑等。但是，你會不會覺得沒有什麼用呢？

即使將具體的臭味來源清掉一半，我們感覺到的臭味程度也不會減少一半。

這是因為嗅覺跟味覺一樣，與 log（對數）成正比。如果想用空氣清淨機、芳香劑等讓臭味減半，就必須除去 90%的具體臭味來源。

如果你想讓討厭的臭味消失，就得設法完全清除臭味源頭。

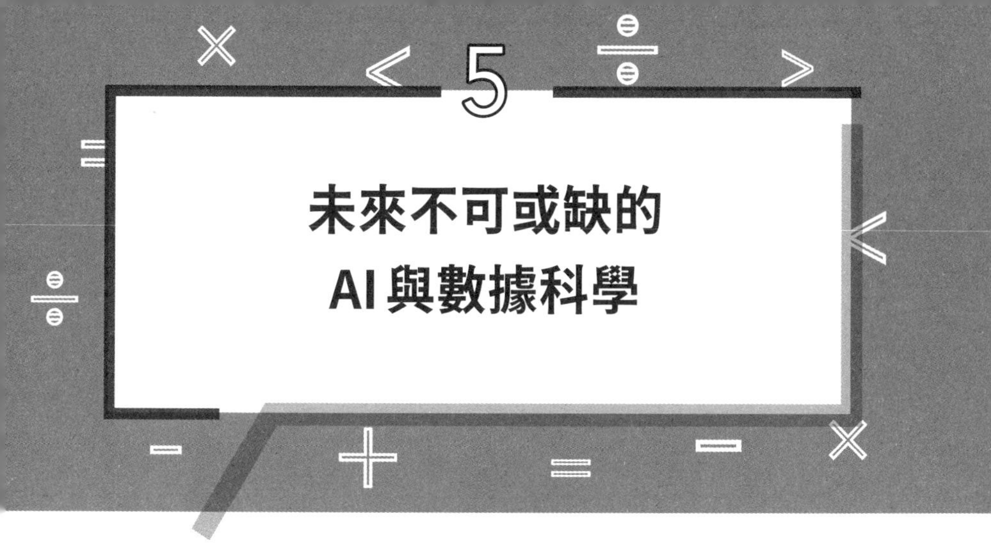

5 未來不可或缺的AI與數據科學

最近，我們經常聽到 AI、數據科學之類的術語。現在也出現了掃地機器人、AI 喇叭等智慧家電、網站上的 AI 聊天系統等，這些東西使我們的生活更加豐富。

大家都說，未來生活少不了 AI 與數據科學，但不擅長 IT 和數字的人恐怕對此還一知半解。以下我會以實例說明，讓大家能漸漸理解 AI 與數據科學大概是什麼。

使用AI的企業愈來愈多

在我們的經濟活動中，AI 扮演了重要角色。

例如，大型連鎖迴轉壽司公司——壽司郎就使用了 AI 技術。壽司郎是廣受歡迎的連鎖店，1 年的來客數超過 1 億人，1 年供應的壽司超過 10 億盤。壽司郎為餐盤做了一些設計，以便使用 AI。

他們在盤底安裝 IC 晶片，每年從中蒐集 10 億筆資料，根據

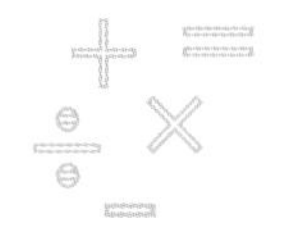

那些資料來預測每間店的當日銷售額與盤數。**AI 會判斷哪種壽司在哪個時段賣得最好，指示師傅依此備料**。拜此之賜，他們能夠準備適量的食材，避免壽司做得太多。

這些措施使壽司郎的食材耗損率降低了 $\frac{1}{4}$，也有助於解決近來原材料價格高漲的問題。**我們能吃到便宜的美味壽司，可說是托 AI 的福**。

光憑師傅的經驗與直覺，大概很難防止食材耗損，也不太可能持續提供便宜的壽司。

運用 AI，使我們能以便宜價格購物，過舒適的生活。

「機器學習」與「深度學習」備受矚目

看過 AI 實際應用的例子之後，讓我們來探究它的本質。

專家們對 AI 有各式各樣的定義，但簡而言之，**AI 就是「具有智能的電腦模擬人類思考的一種系統」**。

AI 有許多種類型，最近特別引人注目的是「機器學習」（Machine Learning）與更先進的「深度學習」（Deep Learning）技術。

如圖 1-11 所示，機器學習是 AI 的一部分，深度學習是機器學習的一部分。

圖 1-11 AI 關係圖

機器學習顧名思義，就是電腦自身進行體驗與學習的技術。

就像我們人類會學習新知識與技術，電腦透過自身的學習後，能做的事比原本所設計的程式還要多。拜此之賜，電腦才能從龐大的資料中找出我們想要的訊息。

你是否曾在亞馬遜網路商店瀏覽產品頁時，看到自己喜歡的商品顯示出來，就把它買下來了？

這就是亞馬遜網站的祕密。**每個人想要的品項、想看的東西應該都不一樣，但透過機器學習，自動推薦產品的程式就被設計出來了**。

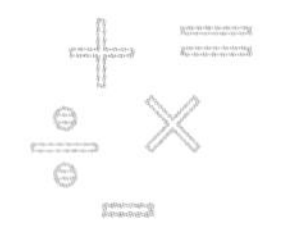

那麼，可不可以由人類來一個個分析每人想要的品項與想看的物品，然後反映在網頁上？不用說，這是不可能的任務。可以說，正因為是 AI，才能完成這項作業。

深度學習是自己進行機器學習

那麼，電腦究竟是如何學習的呢？

機器學習的方法大致可分為兩種：**機器學習演算法與深度學習**。為了方便理解，我用具體例子來比較兩者的差異。

如果你從大量的貓、松鼠、企鵝的圖像資料中選擇了貓，此時，機器學習演算法與深度學習都會進行以下相同步驟：

①詳細分析網路上的大批資料，調查每一隻的顏色和身形。

②找出貓的共同特徵或規律性，如「有鬍鬚」、「圓臉」、「尖耳朵」，並搜尋符合這些特徵的圖像。

③計算答案正確的機率。例如，所選各圖像中，一般認為符合「貓」的條件者占 90%、符合「松鼠」的條件者占 5%，「其他」占 5%等，然後據此判斷「這是貓」、「這是狗」。

圖 1-12 機器學習演算法與深度學習的差異

重點在第②個步驟。

機器學習演算法一開始必須由人類找出特徵或規律性，然後告訴電腦。

深度學習則是自行發現貓、松鼠及企鵝的區別。就算沒有人類的提示，它也能從龐大資料中偵測並找出自己應該搜尋的東西有什麼特徵。也就是說，深度學習是比機器學習更先進的技術。

用特定關鍵字過濾垃圾郵件，也是機器學習演算法的用途之一。但它有一項缺點；因為它是依據人類的提示來進行辨識，如果垃圾郵件使用的關鍵字和人類的提示不同，那封郵件可能就不會被攔截。

AI與統計的差異

看了以上對 AI 的討論，或許會讓你產生這樣的疑問：到底 AI 和數學、統計有什麼關係？很抱歉讓你疑惑了這麼久，現在我們就要開始討論數據科學，其中便包括討論 AI 時必談的統計學。

從壽司郎的例子中，我們可看到 AI 是以資料為依據，由電腦做出決策；**而統計這門學問也是以資料為依據，不過是由人類做決策**（請見圖 1-13）。

圖 1-13 AI 與統計的決策方法

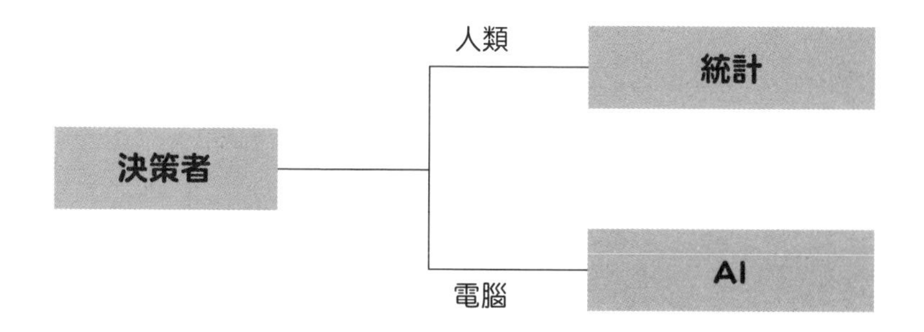

統計大致可分為**描述性統計**（Descriptive Statistics）與**推論性統計**（Inferential Statistics）兩種。描述性統計是以簡明易懂的方式呈現資料特徵的統計學，呈現方式有以下 3 種：

①以「數字」呈現（平均數、偏差值、順位等）
②以「表格」呈現（次數分配表等）
③以「圖形」呈現（長條圖、圓餅圖、直方圖等）

推論性統計則是從部分資料（樣本）來推論全體資料（母群體）的狀態。「推論」這兩個字或許會讓你以為推論性統計是推測未來；但其實不只未來，它還能依據資料推測過去（請見圖 1-14）。

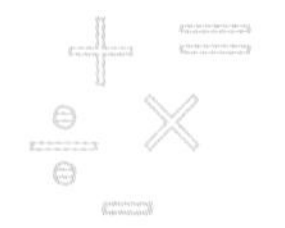

圖 1-14　統計學的整體面貌

統計學

統計大致可分為描述性統計與推論性統計兩種。描述性統計是以簡明易懂的方式呈現資料特徵，推論性統計則是以部分資料（樣本）來推論全體資料（母群體）的狀態。

描述性統計

地區	次數（人）
北海道、東北	10
關東	10
中部	50
近畿	150
中國	330
四國	100
九州、沖繩	330
外國	20
合計	1000

度數分布表

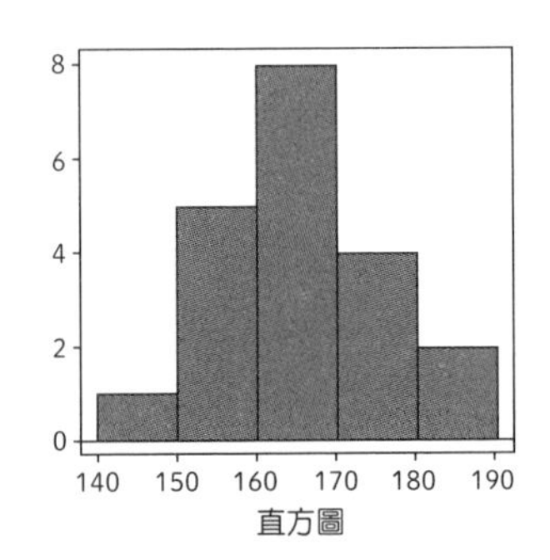

直方圖

推論性統計

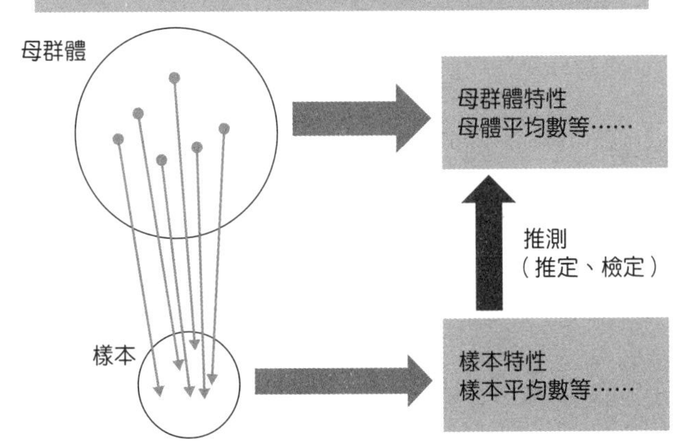

什麼是數據科學？

最近由於 IT 技術的發展，**數據科學廣受矚目。數據科學是一門專業領域，可望能經由累積龐大資料並進行分析，解決環境、糧食等社會問題**。

數據科學需要數學技術，才能從龐大資料中找出有意義的資訊；也需要用機率、統計、微積分等手法分析資料。

數據科學中，決策主體是人類還是電腦並不重要。準備資料、制定決策可以由人類來做，也可以由電腦來做。

也就是說，以上討論的**AI、機器學習、深度學習、描述性統計、推論性統計都屬於數據科學的範圍**。數據科學以這些學問為基礎來處理大數據，找出對社會有益的知識（請見圖 1-15）。

工作場合使用 AI、數據科學的情況愈來愈多。可以說，AI 與數據科學知識是今後職場工作者不可或缺的。從壽司郎的例子也可看出，資料的活用是企業推動經營的寶貴資產。

重要的是，**在學習 AI 與數據科學知識時，不要還沒接觸就抱持反感，對數學的態度應該也是如此**。

如果一開始只有大略的概念，也沒有關係，因為它會引發你運用 AI 與數據科學的構想。我認為這些構想會讓未來的環境更舒適美好，就像壽司郎的例子一樣，從減少食物耗損開始。

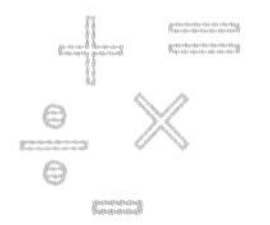

圖 1-15 數據科學的整體面貌

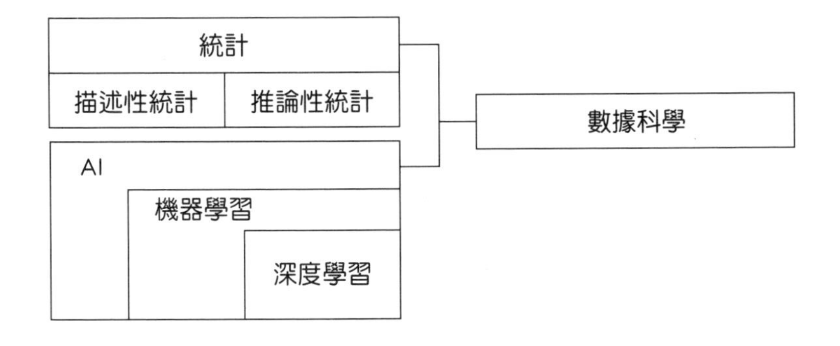

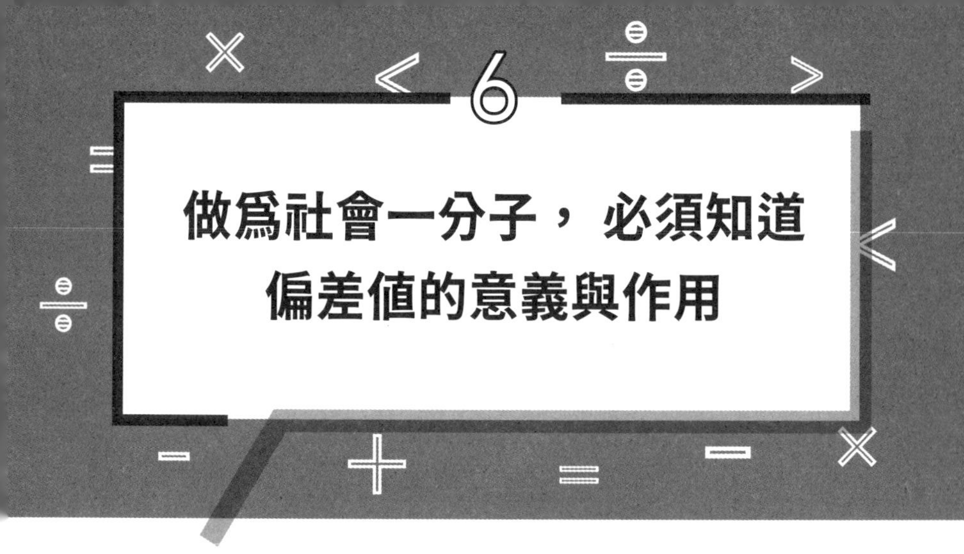

偏差值是一種數值，主要是以「與平均數的差距」來表示自己的成績「在團體中處於哪個位置」。你可以依據偏差值，得知在學力測驗中，「在所有考生裡，自己的實力大約位於前百分之幾」。

很意外的，大家都不知道偏差值不只可用在考試上。事實上，它可以用於各種領域，例如智力測驗、將商品與服務滲透市場的過程依時序分類的創新理論等。

生活在這個社會，不可不知偏差值。現在我們就來討論偏差值是什麼吧！

先請大家挑戰以下這個問題。

問題

高中生修一英文考 72 分，數學考 66 分，這兩科全班的平均分數都是 60 分(請見圖 1-16)。這種情況下，我們可不可以說修一的英文成績比數學好？

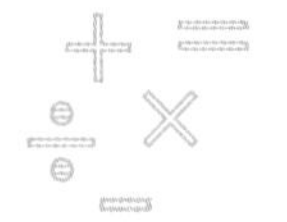

圖 1-16 修一的分數與平均分數

	分數	平均分數	與平均分數之差
英文	72	60	12
數學	66	60	6

應該有很多人會回答「是」吧？

或許你會覺得我有點刁難，但其實光憑修一的分數與全班平均分數，並不能判斷哪一科成績比較好。

因為有可能數學分數比英文低，但排名比英文高。

成績的好壞取決於「分散程度」※1

看自己排在考生中的哪個位置，就能知道成績的好壞。要判斷自己分數的位置，**不只要看考試的平均分數，也需要知道分數的分散程度。呈現「分散程度」的數字稱為「標準差」（Standard Deviation）**。

如果將修一班上的英文與數學分數畫成圖，就是圖 1-17 的樣貌。這種**左右對稱、呈現完美山形的曲線圖，稱為「常態曲線」（Normal Curve）**。

從這張圖看來，72 分的英文和 66 分的數學，哪科的成績比較好呢？你會不會覺得，雖然分數是英文比較高，但位置看起

※1 譯注：分散程度（Dispersion），即一組資料中，數據之間的差異大小或數據的變化）。

來是數學比較高呢？

圖 1-17 常態曲線與圖表

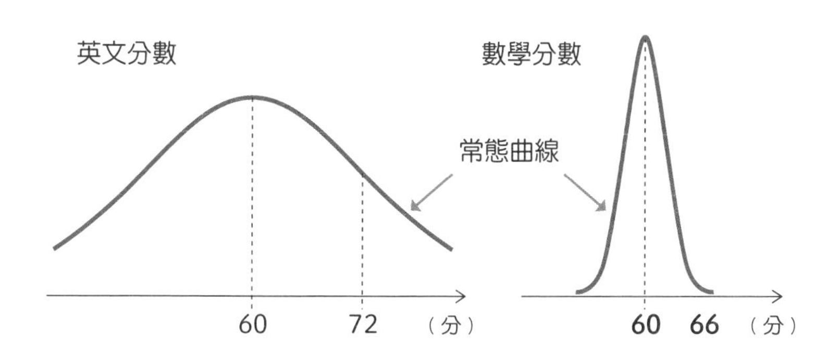

這個例子顯示，光憑分數與平均分數並不能判斷成績的好壞。

「標準差」能判斷「分散程度」

上一頁提過，呈現「分散程度」的數字稱為「標準差」。
為了讓大家理解標準差，我用下一個問題來說明。

> A、B、C 3 個班級每班各有 4 名學生，全部學生接受同樣的考試，結果如圖 1-18。各班的平均分數都是 50 分。
> 這種情況下，我們可不可以判斷「因為平均分數相同，所以 A、B、C 3 個班的成績水準相同」？

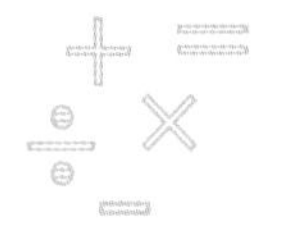

圖 1-18 各班學生的分數

	A 班	B 班	C 班
第 1 名學生的分數	50	60	100
第 2 名學生的分數	50	60	100
第 3 名學生的分數	50	40	0
第 4 名學生的分數	50	40	0
平均分數	50	50	50

看圖 1-18，會讓人覺得這樣的判斷怪怪的。這種「覺得有問題」的感覺很重要。

分別仔細看這 3 個班的情況，A 班的學生全都是 50 分，跟平均分數相同。

B 班有 2 個學生 60 分，2 個學生 40 分，都跟平均分數相差 10 分。

C 班有 2 個學生 100 分，2 個學生 0 分，都跟平均分數相差 50 分。

平均分數雖相同，但個別分數有差異；所以，判斷 3 班成績水準相同才會讓人覺得奇怪。而**標準差是指個人分數與平均分數之差，我們可根據標準差判斷「分散程度」**（請見圖 1-20）。

圖 1-19 各班的標準差

	A	與平均分數之差	B	與平均分數之差	C	與平均分數之差
第 1 名	50	0	60	10	100	50
第 2 名	50	0	60	10	100	50
第 3 名	50	0	40	10	0	50
第 4 名	50	0	40	10	0	50
平均分數	50	—	50	—	50	—
標準差	0		10		50	

如何求偏差值？

以上說明了分散程度與標準差，接下來要討論的是以標準差為參考點的偏差值。

計算偏差值，必須將考生的平均分數換算為「50」，將標準差換算為「10」，其公式如下：

〔偏差值的公式〕

$$\frac{\text{（自己的分數－平均分數）}}{\text{標準差}} \times 10 + 50$$

目前為止都能理解的話，我們再回頭來看修一的考試分數。

修一參加的考試中，與數學相比，英文的標準差較大，許多

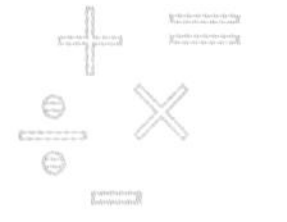

學生的英文分數與平均數相差甚遠。因此我們假設，經計算之後，**英文考試的標準差是 12，數學考試的標準差是 5**。

圖 1-20 修一的標準差

	分數	平均分數	標準差
英文	72	60	12
數學	66	60	5

套用上頁的公式，可得出修一的偏差值如下：

英文的偏差值

$$\frac{72-60}{12}\times 10+50=\mathbf{60}$$

數學的偏差值

$$\frac{66-60}{5}\times 10+50=\mathbf{62}$$

經計算得知，低分的數學，偏差值比高分的英文高。從分數來看是英文成績比較好，但將分數由高至低排列，則是數學的排名比較高，所以分數與排名是相反的。

因此，本篇開頭的那個問題，答案應該是「否」。

一開始提過，偏差值可讓你知道「在所有考生裡，自己的實力大約位於前百分之幾」；換句話說，你可以從偏差值大致了解自己的排名。偏差值如何估計排名呢？請見下表。

圖 1-21 偏差值與排名的關係

偏差值	前百分之幾	100 人中的名次
70	2.28%	2.28 名
60	15.87%	15.87 名
50	50.00%	50.00 名
40	84.13%	84.13 名
30	97.72%	97.72 名

例如，某個學生期中考時偏差值是 40，期末考時偏差值上升到 70。我們就可以估算，他在 100 人中，大約從 84 名進步到第 2 名。

有人任意操作偏差值？

前文已說明了偏差值的作用。

似乎有許多學生把偏差值當做選擇高中或大學的標準，因為考生可透過偏差值調查錄取的可能性，當做決定志願學校的參考。

但在許多情況中，偏差值的數字已脫離它原本的意義。例如，**某些大學為了被認為是「好大學」，以吸引優秀人才，就刻意提高學校的偏差值。這在理論上是有可能的**。

了解其中的機制有助於理解統計資料，所以我簡單說明一下。

首先，偏差值是由大型補習班發布的。考試季節結束後，補

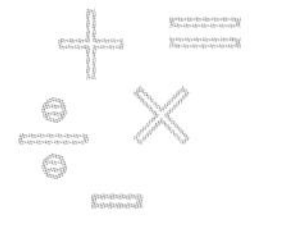

習班會調查學生是否錄取，並與模擬考的數據做比較。

學生考試結果的資料不只可用來確認錄取成績，還可用來求每間應試學校的偏差值。如果是大學考試，補習班就會將蒐集到的資料依各個院、系來分類，並按照模擬考分數由高至低排序。

模擬考分數愈高，錄取者的比例愈多；分數愈低，未錄取者的比例愈多（請見圖 1-22）。多數補習班似乎都以「未錄取者比例超過錄取者的分界點」來設定大學或高中的偏差值。

圖 1-22 **偏差值的分界點**

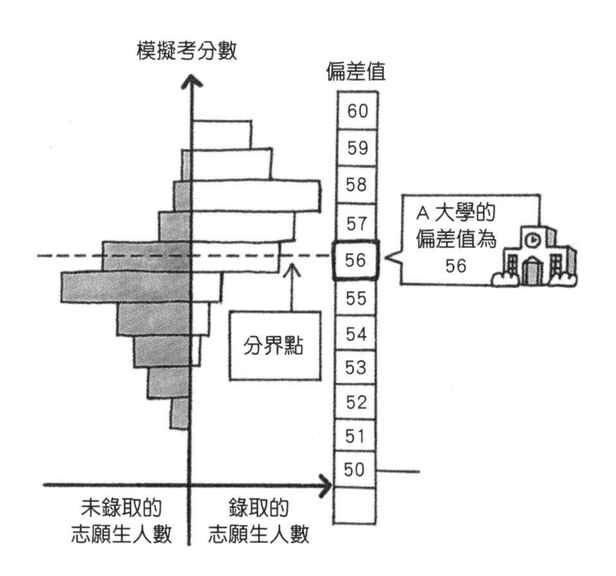

以這樣的設定方式，**模擬考分數高的考生未錄取者愈多，「未錄取者比例超過錄取者」的分界點就愈高，該大學的偏差值也愈高**。

也就是說，從學校的角度看，**如果讓許多模擬考得高分的學生參加考試，然後「故意」不被錄取，就能達到提高大學偏差值的目的**。

尤其是私立大學，只要不撞期，想考幾次都行。由於錄取者不一定要入學，其中便有操作偏差值的空間。

事實上，某些大學被懷疑支付酬勞給無意入學的學生，讓他們參加考試，意圖提高偏差值。

絕不可盲目相信統計資料

不過，這種反映出不正當行為的數據一定會有可疑之處。

請看圖 1-23，很明顯的，考生得分的分布狀態很奇怪——模擬考得高分卻未錄取的人數一直在增加。這樣的數據無法定出偏差值的分界點；即使定出來了，也會很不合理。

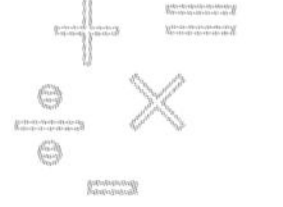

圖 1-23 發生不正當操作時，數據會出現異常

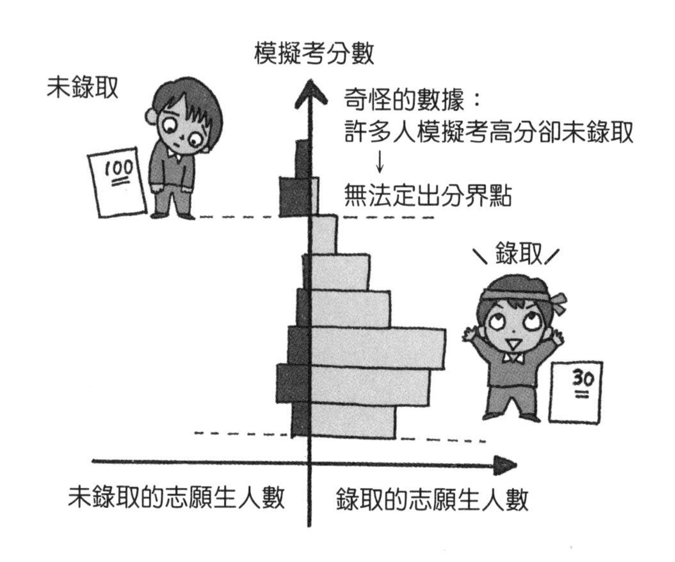

偏差值方便我們了解在整體中的排名，但它有人為操作的可能性。所以，不盲目相信數據，保持懷疑態度，也是非常重要的事。

19 世紀的英國首相班傑明．迪斯雷利（Benjamin Disraeli）說過:「世界上有 3 種謊言:謊言、該死的謊言，以及統計數字。」（There are three kinds of lies: lies, damned lies, and statistics.）處理統計資料時要小心，不要讓你的操作製造出天大謊言，以致數字喪失可信度。

第2章

了解「為什麼」之後，數學的世界就會有趣起來

每天，我們周遭都會發生各種大大小小的事。在本章，我會以數學的觀點揭開這些事「為什麼」會發生。

本章前半會說明小學的算術法則「為什麼」是這樣，後半會談論日常生活中的「為什麼」。當各式各樣的「為什麼？」變成「原來如此！」的那一刻，你應該就能更真實的體會到數學的樂趣了。

當你能用數學觀點解決日常的疑惑，你看世界的眼光就會變得不一樣了。

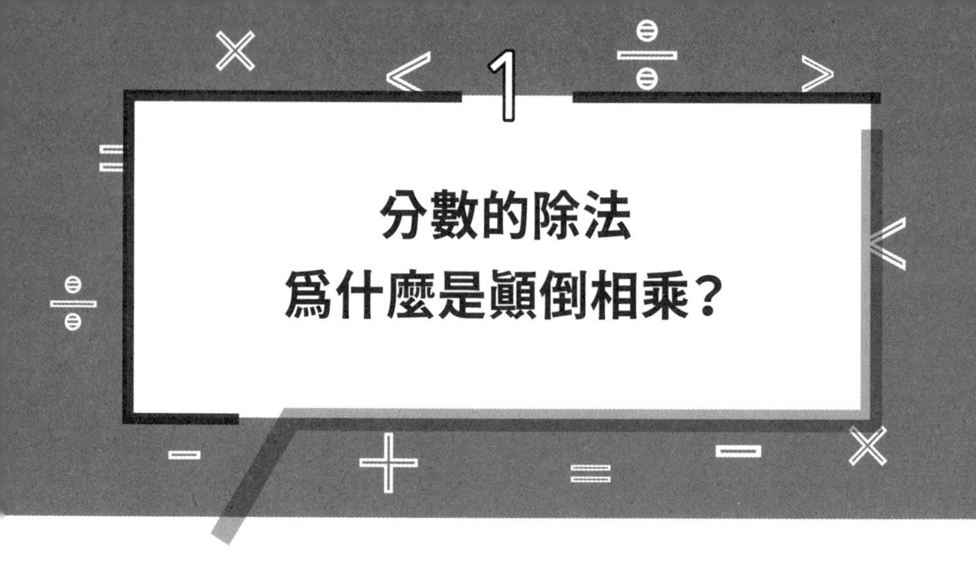

我們所學的分數除法計算方式，是「將除數的分子和分母顛倒過來，再與被除數相乘」。雖然不知道顛倒的理由，但只要能算出答案，大部分人應該也不太在意。

其實，**這個「分子分母顛倒相乘」的方法中，藏有數學的重要觀念**，也跟微分法的理解有關。所以，我們就藉此機會學學看吧！

按部就班計算分數除法是非常麻煩的事

為什麼顛倒相乘就能解答分數的除法？很簡單，因為**計算之後就得到這樣的結果**。

我特意提出這個問題，卻給了這種答案，可能會讓大家很掃興吧！如果只是計算之後的結果，或許就會有人覺得，「顛倒相乘」這個方法也不用背了。

但是，從頭循序運算分數的除法，是非常繁瑣的作業；所以我們才要學顛倒相乘法。

分數的除法之外，其他運算法也有類似的簡便計算方式。

「九九乘法表」就是其中之一。小學時你大概不懂為何要背九九乘法表，但如果**每次都要計算，那可不是普通的麻煩**。

要是不背九九乘法表，老實的一步步計算，就需要以下步驟：

$$
\begin{aligned}
4 \times 5 &= 4 + 4 + 4 + \underline{4 + 4} \\
&= 4 + 4 + \underline{4 + 8} \\
&= 4 + \underline{4 + 12} \\
&= \underline{4 + 16} \\
&= \underline{20}
\end{aligned}
$$

很少人會這樣大費周章的計算，太花時間了，還可能會粗心算錯。

如果背了九九乘法表，知道「四五二十」，瞬間就能得到答案。同樣的，**記住分數除法是「顛倒相乘」，計算就會比較容易**。

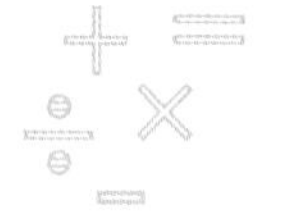

整數的除法就是分子分母顛倒

接下來，我會一步步說明「分子分母顛倒相乘」這個方法是如何形成的。

為了方便理解，我先從整數的除法開始解釋，最後再計算分數的除法。

以 2÷3 為例。

計算之後得到的答案是 0.666……無限循環的小數。所以我們知道，2÷3 是除不盡的。

除不盡的數字，我們通常會用分數來表示：

$$2 \div 3 = \frac{2}{3}$$

一旦變成分數，就變得難以理解，所以我們還是看圖吧！如圖 2-1 所示，**所謂 $\frac{2}{3}$，就是 2 個東西分成 3 份**。

圖 2-1 分數的圖示①

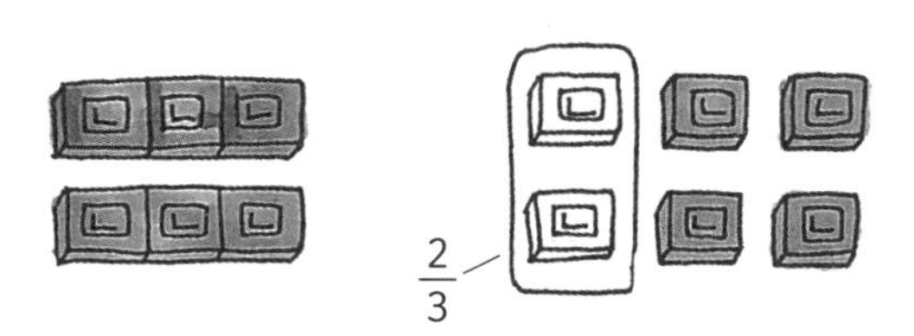

從圖中可看出，$\frac{2}{3}$ 也可視為 2 個 $\frac{1}{3}$，即 $2\times\frac{1}{3}$ 。

圖 2-2 分數的圖示②

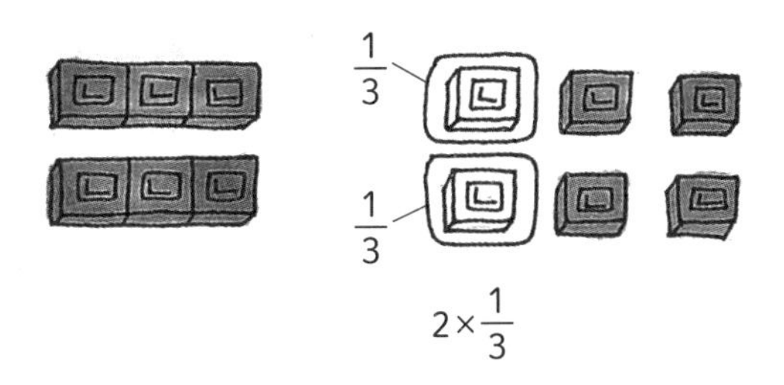

也就是說，可以用以下方式表示：

$$2 \div 3 = \frac{2}{3} = \mathbf{2 \times \frac{1}{3}}$$

另外，如果硬要用分數來表示「3」這個整數，可以寫成 $\frac{3}{1}$。請仔細看以下算式：

$$2 \div 3 \nearrow \frac{2}{3} = 2 \times \frac{1}{3}$$

$$2 \div 3 \searrow 2 \div \frac{3}{1}$$

現在，我們知道「2÷3」可以用「$2\div\frac{3}{1}$」和「$2\times\frac{1}{3}$」兩種形式表示，而這兩個算式可以用等號（＝）連結。

$$2 \div \frac{3}{1} = 2 \times \frac{1}{3}$$

對照這兩個算式，就可以知道：**「$\div\frac{3}{1}$」就是「$\times\frac{1}{3}$」**；**「分數的除法」就是「分子和分母顛倒過來相乘」**。

以上，我已經用整數的除法演示「分子分母顛倒相乘」是如何形成的。

「減法的應用」觀念對分數的除法很有用

現在，我們來看分數除法的計算過程。

我以「$2\div\frac{1}{3}$」為例來說明。

請大家回想一下，第 13 頁提過除法有兩種思考方式；一種是「**乘法的相反**」，一種是「**減法的應用**」。剛剛討論的整數除法就運用了「乘法的相反」。

但是，我們很難用「乘法的相反」來思考分數的除法。因為，如果我們以「乘法的相反」角度，將「$2\div\frac{1}{3}$」轉換為文字敘述，就會變成：「2 個披薩分給$\frac{1}{3}$個人，1 人能得到多少披薩？」這種意義不明的句子（請見圖 2-3）。

如果我們以「減法的應用」角度將「$2\div\frac{1}{3}$」轉換為文字敘述，則會變成：「**有 2 個披薩，如果每人分$\frac{1}{3}$，可以分給多少人？**」

看圖 2-4 也可以知道，算法是「$2\div\frac{1}{3}=6$」，答案是 6 個人。如果**把披薩切成$\frac{1}{3}$片，能分配的披薩片數便增為 3 倍。由此可知，「$\div\frac{1}{3}$」扮演了「$\times 3$」的角色**。

圖 2-3 「乘法」的相反思考方式

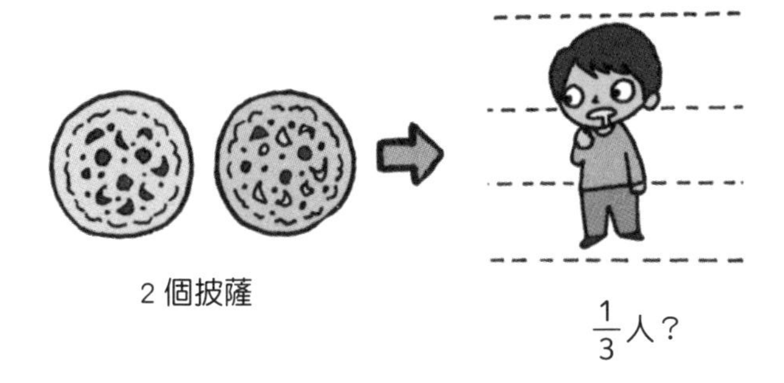

圖 2-4 「分數除法」的思考方式

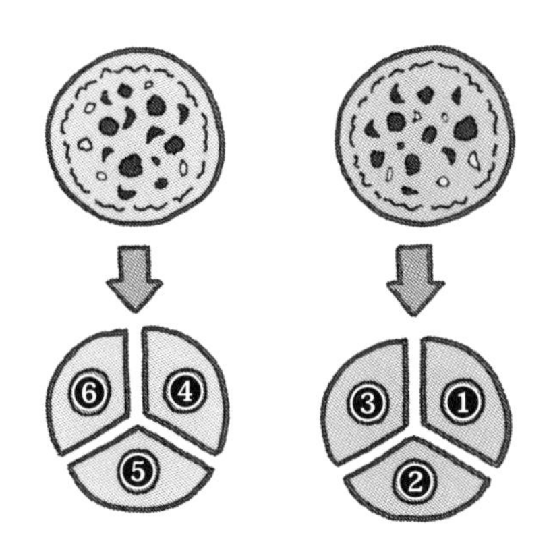

兩者的關係顯示了「分數的除法是顛倒相乘」。

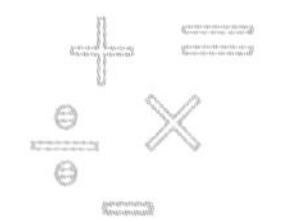

以「約分」將分數除法的算式變形

前面我以披薩為例來說明分數的除法，大家看過之後，對這個算式有什麼想法呢？

$$3 \div \frac{4}{5}$$

這個算式很難用圖來呈現。如果要從算式中確認它在表達什麼，就必須將算式稍加變形。此時，「約分」就該登場了。

約分指分數的分母和分子除以相同的數。

$$\frac{2}{6} = \frac{1}{3}$$

就是將分子、分母用 2 來約分。一般在做約分時，我們會在數字上畫斜線；不過，約分的詳細過程是這樣的：

$$\frac{2}{6} = \frac{2 \div 2}{6 \div 2} = \frac{1}{3}$$

這個算式顯示，分子、分母同時除以「2」。算式反過來的話，就變成：

$$\frac{1}{3} = \frac{1 \times 2}{3 \times 2} = \frac{2}{6}$$

由此可知，**分數的分母和分子能乘以同一個數，也能除以同一個數**。

練習了約分以後，再回來看「$3\div\frac{4}{5}$」這個算式。

$\frac{4}{5}$用小數表示的話，就是 0.8。

$$3\div\frac{4}{5}=3\div0.8=\frac{3}{0.8}$$

分數的分母如果是小數，會很難理解。所以，我們把分母和分子各乘以 5，把小數變成整數。

$$\frac{3}{0.8}=\frac{3\times5}{0.8\times5}=\frac{3\times5}{4}=3\times\frac{5}{4}$$

「$3\div\frac{4}{5}$」經過變形之後，就變成「$3\times\frac{4}{5}$」。

$$3\div\frac{4}{5}=3\times\frac{5}{4}$$

於是我們看到了「分數的除法」變成「分子分母顛倒後再相乘」。

這個計算題的除數$\frac{4}{5}$可以變成小數 0.8；但下一個算式的除數並不能變成小數：

$$\frac{2}{7}\div\frac{5}{3}$$

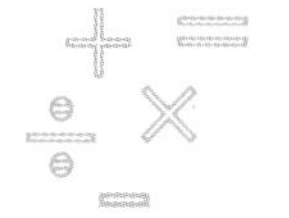

將這個算式變形的方法是「通分」。通分指把幾個不同分母的分數化為同分母。用通分做分數除法的人應該很少吧！這個算式中，通分是以 7 和 3 的最小公倍數 21 做為分母。**計算方式如下，分子則照樣乘以相同的數**：

$$\frac{2}{7}=\frac{2\times3}{7\times3}=\frac{2\times3}{21}\qquad\frac{5}{3}=\frac{7\times5}{7\times3}=\frac{7\times5}{21}$$

以上兩個算式歸納整理如下：

$$\frac{2}{7}\div\frac{5}{3}=\left(\frac{2\times3}{21}\right)\div\left(\frac{7\times5}{21}\right)$$

再把分母、分子連接起來，分別做除法運算：

$$\frac{(2\times3)\div(7\times5)}{21\div21}$$

分母是 21÷21 ＝ 1，所以變成以下算式：

$$\frac{(2\times3)\div(7\times5)}{1}$$

因為分母是 1，可以變成只有分子的算式：

$$(2\times3)\div(7\times5)$$

然後，用分數來表示除法：

$$\frac{2\times3}{7\times5}=\frac{2}{7}\times\frac{3}{5}$$

至此，算式已變形完成。現在來比較一下最初與最後的算式。

$$\frac{2}{7}\div\frac{5}{3}=\frac{2}{7}\times\frac{3}{5}$$

算式變形前是「$\div\frac{5}{3}$」，變形後變成「$\times\frac{3}{5}$」。

過程雖然有點繁瑣，但現在你應該了解為何分數的除法是分子分母顛倒相乘了。

如果每次都要這樣計算，既費時又麻煩；所以我們在計算分數除法時，才要學習「顛倒相乘」的方法。

國、高中時，我們學了很多數學公式與技巧。有時你可能不懂為何要學這些，其實在多數情況下，都是像這次的例子一樣，是為了省略計算過程。

了解了計算的背景，是不是讓你覺得數學比較有趣一點了呢？

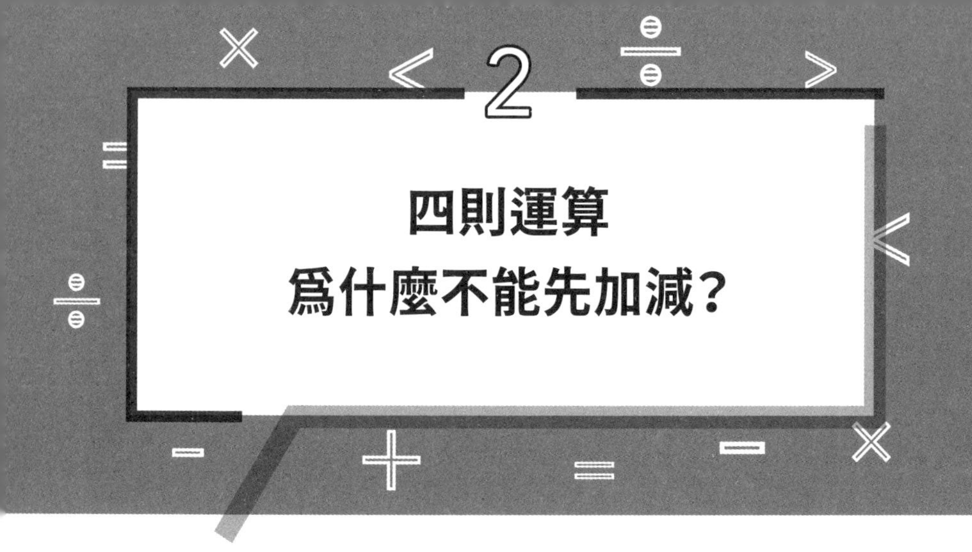

2 四則運算爲什麼不能先加減？

日常生活中經常用到加、減、乘、除（＋、－、×、÷），這 4 種運算法稱為「四則運算」。**四則運算有一項規則，就是先乘除後加減**。

因為如果先算加法和減法，答案就會是錯的；至於為何會如此，恐怕很少人能說得出理由。

我們現在就來談談這件難以理解的事。

200－7×8＝1544，是不是很奇怪？

首先，請你解答以下問題。

問題

200m² 的用地建有長 7m、寬 8m 的校舍，其他地方是庭園。請問庭園面積是多少？

圖 2-5 土地與校舍圖

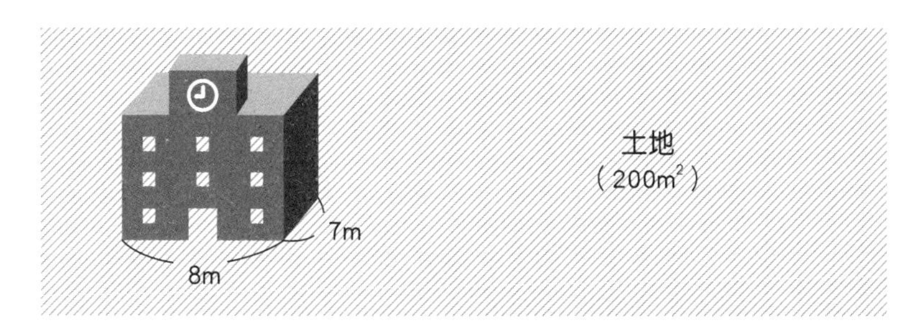

如果你會算術，就能解這道應用題。算式是 200 － 7×8，**答案是 144（m²）**。依照四則運算的規則先算乘法，就能得到答案。

不過，如果先算減法，就會變成 200 － 7×8 ＝ 193×8 ＝ 1544（m²）。

整塊土地面積是 200m²，庭園面積卻有 1544（m²），超過整塊土地。這顯然很奇怪，憑直覺就可知道是錯的。但是，為什麼先算 200 － 7 ＝ 193 之後再乘以 8，答案就會是錯的呢？

要知道理由，請先看圖 2-6。

你知道這「200 － 7」是什麼意思嗎？我想，你應該不知道，因為你試圖硬把單位不同的東西放在一起計算。

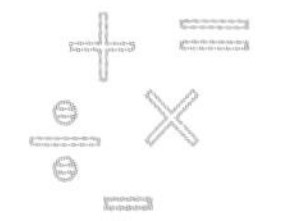

圖 2-6　200 － 7 的意義

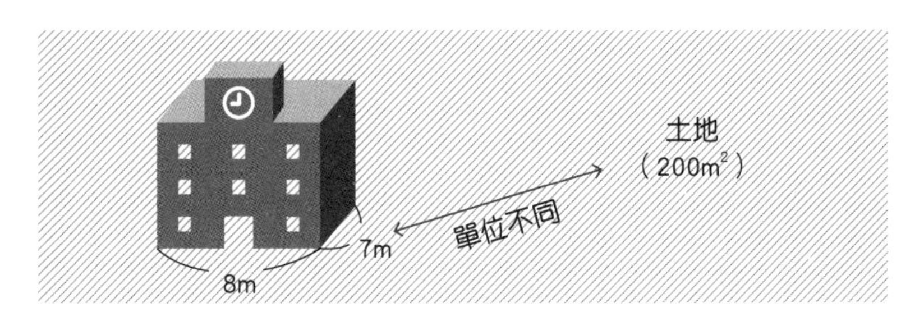

加法和減法要相同單位才能計算

其實，**加法和減法只有單位相同時才能計算**。比如說，1m 和 1cm 相加，並不能得到 2mcm；而是必須把 m 換算為 cm，使單位一致，然後用 100cm ＋ 1cm，得到 101cm。

圖 2-6 中，土地面積是 $200m^2$，建築物長度是 7m，m 與 m^2 單位不同，所以不能直接計算。

要計算時，必須先使單位一致。**所以要將長度 7m 與寬度 8m 相乘，算出建築物面積是 56 m^2。這樣一來，就跟土地面積的單位一樣了**。

單位相同後，就可以做以下計算：

$$200\ m^2 - 56\ m^2 = 144\ m^2$$

也就是說，先乘除後加減是為了使單位一致，以便計算。

我們做物理計算時，通常會準確寫出單位，做數學計算時卻習慣省略單位；但按理說，只有在加、減法計算中單位一致時才能省略。

做數學時省略單位雖然比較容易描述計算過程，但也有計算錯誤的危險。

如果計算時覺得哪裡怪怪的，可以試著把單位補上。這樣，你就能輕易判斷自己的計算方式是否正確。

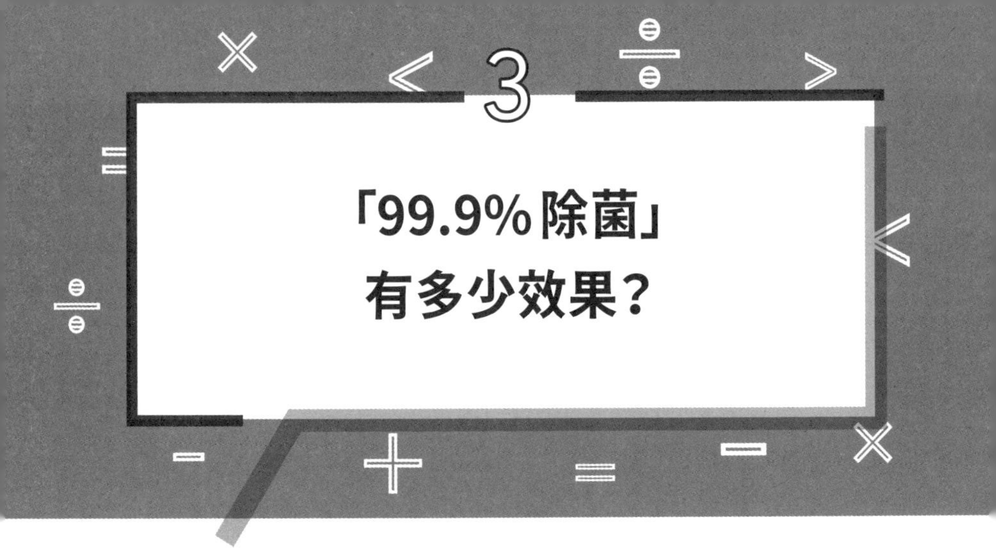

3 「99.9% 除菌」有多少效果？

許多人平常在餐廳或家裡都會使用除菌噴霧或除菌紙，這些產品上寫著「99.9% 除菌」或「病毒 99.99% 不活化」（Inactivation）。為什麼幾乎 100% 了，卻不標示 100% 除菌？讓我們用數學的觀點來探究「99.9% 除菌」有多少效果吧！

一個細菌一天會增加多少？

圖 2-7　99.9% 除菌噴霧

討論之前先提醒大家，除菌的標示規則依業種而異。例如，日本衛生材料工業聯合會規定，**能消除 99%以上細菌才能標示為除菌**。

為了標示出 99%或 99.9%等客觀數據，銷售商品的廠商進行各種實驗與檢驗，驗證自家產品能消除多少比例的病毒，才會得出「可標示為除菌者必須能消除 99%以上細菌」的結論；相反的，若只能消除 90%，就不能有除菌標示。

現在，我要問大家一個問題。

問題

假設某牌洗手液有 99.9% 的除菌效果。
A 先生使用該洗手液洗手。剛洗完時，手掌只有 1 個細菌。20 分鐘後，細菌增爲 2 倍。請問 40 分鐘、1 小時、3 小時、6 小時、12 小時、1 天後，細菌會有多少個？

要解出答案並不難。

題目設定細菌是以 2 倍的數量增長，所以我們用乘法計算。

首先，20 分鐘後的細菌數是 $1\times2=2$（個），40 分鐘後則是 $2\times2=4$（個），又增加了 1 倍。一開始只有 1 個細菌，40 分鐘後增為 **4 個**。因為是相同的數相乘，可以簡單寫成 $2\times2=2^2$。

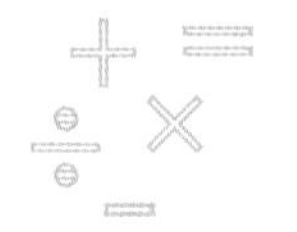

1 小時後是 $2\times2\times2=$ **8（個）**，也可以寫成 2^3。接下來都可以用同樣的方法求出答案。

3 小時後：$8\times8\times8=(8^3=)$ **512（個）**

6 小時後：$8\times8\times8\times8\times8\times8=(8^6=)$ **26 萬 2144（個）**

12 小時後：$8^{12}=\underbrace{8\times8\cdots\cdots\times8}_{12\text{ 個}}=$ **687 億 1947 萬 6736（個）**

根據計算的結果，細菌在短短 12 小時內就繁殖到 687 億個。

那麼，1 天（24 小時）後會有多少呢？

$8^{24}=\underbrace{8\times\cdots\cdots\times8}_{24\text{ 個}}=$ **47 垓 2236 京 6482 兆 8696 億 4521 萬 3696（個）**

一開始只有 1 個細菌，1 天內就增加到 47 垓 2236 京這個天文數字，細菌的繁殖速度真是可怕啊！

指數成長無所不在

2^3、8^6 中的 3 和 6 稱為「**指數**」，而 2^x、8^x 這種以 x 為指數者稱為「**指數函數**」（請見圖 2-8）。如細菌繁殖般在極短時間內飛躍成長，叫做「**指數成長**」（Exponential Increase）。

細菌繁殖之外，還有許多指數成長的例子。其中，豐臣秀吉的家臣——杉本新左衛門有個小故事廣為人知。

有一天，秀吉對新左衛門說：「你想要什麼獎賞，我都給你。」新左衛門回答：「我想請您給我米粒。第 1 天 1 粒米，第 2 天加倍給 2 粒，第 3 天再加倍給 4 粒。每天都加倍，直到第 100 天。」秀吉爽快答應，吩咐部下每天送米給新左衛門。

第 1 天送 1 粒，第 2 天送 2 粒……第 10 天就是 512 粒。一碗飯大約有 4000 粒米，10 天的量不過$\frac{1}{8}$碗。

但到第 13 天就是 4096 粒，到第 20 天就是 524288 粒，已超過 10 公斤。到了第 100 天，就是 2^{99}，即 633825300114114700748351602688 粒，已經是天文數字了。

圖 2-8 指數函數

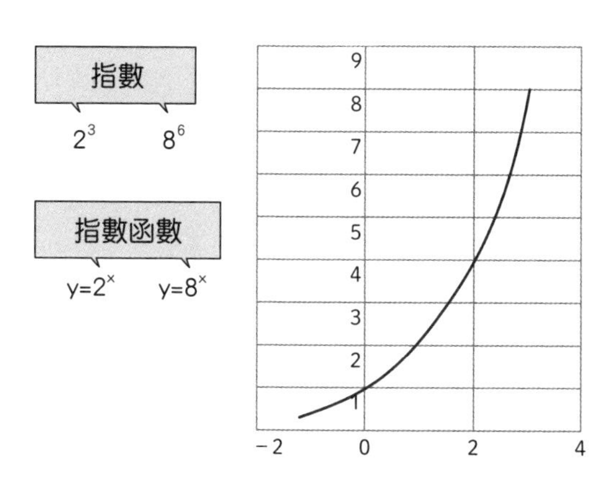

圖中這種一下子高速成長的情況，稱為「指數成長」。

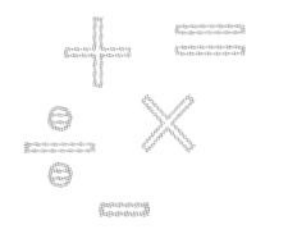

從化學角度不能說100%

我們回到細菌的話題。

雖然例題完全是模擬的情況，但我們看到，就算除菌率到達99.9%，只要有一點細菌殘留，幾小時後就會瞬間增殖。這樣的話，即使經過除菌處理，也無法安心。

我認為，能夠在模擬情況中使用這樣的計算方式，進而得到結果，就是數學的強項。

或許有人認為，99%、99.9%、99.99%……還是不能令人安心，「應該要做到100%的除菌、滅菌」，這樣就不需要擔心細菌繁殖了。

確實是這樣沒錯。**但業界規定，禁止「100%除菌」之類的標示**。所以，建議大家以洗手等方式，勤快的除菌、消毒。

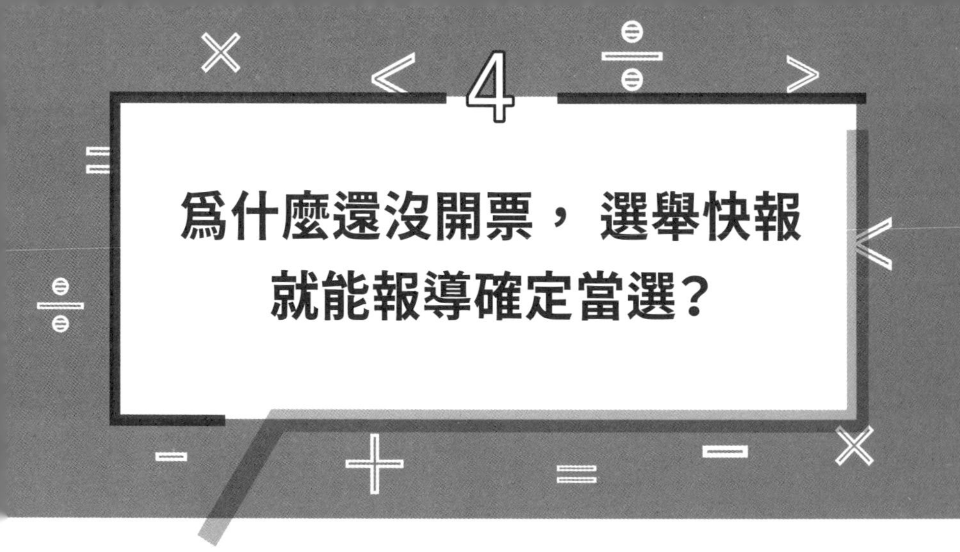

全國大選時，電視台都會播出特別報導，呈現開票結果。

通常在投票截止時間前後，節目就會開始播出，但經常有開票率為 0% 卻確定當選的情況。

有一次選舉，節目才開播 4 秒，就報導某候選人確定當選，這是我所知最快的一次。因為開票才 4 秒鐘，表示根本還沒打開投票箱，就已確定當選者。

要在選舉這種關鍵時刻發出快報，當然不可能光憑直覺和經驗來預測結果；而**必須藉由「統計」，才能發布確定當選的消息**。

運用統計，從部分結果預測當選者

首先，選舉快報運用統計學的「**區間估計**」(Interval Estimation)理論與「**常態曲線**」(左右對稱的山形曲線)來預測當選者。這些理論或許看起來很難，但簡單來說，就是**使用公式，從部分結果預測全體結果，從而確定當選者**。

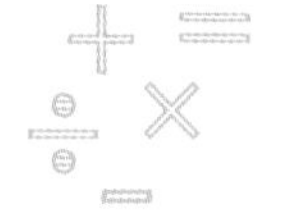

估計與預測的意義相似，但有一點不同。預測是推測未來，估計則不只未來，也推測現在與過去。

前面說明過，選舉快報是從部分結果預測全體結果。但在開票率0%的情況下，根本連部分結果也不知道，照理說，應該沒辦法公布當選者吧！

媒體也知道這一點，所以他們做「出口民調」（Exit Poll）。出口民調就是在投票所外隨機向剛投完票的人攀談，問他們投給誰（請見圖2-9）。然後，電視台依據調查結果來推測全體的投票結果，再在新聞節目上發布當選快報。

圖2-9 出口民調

考慮出口民調得票率的「分散程度」

我們已經了解選舉快報的大致流程，現在讓我們透過以下問題，來看看如何用統計方法推測當選與否。

問題

某選區有 A、B 兩名候選人。某電視台在投票所外做出口民調，訪問了 1000 人，其中有 550 人表示投給了 A（請見圖 2-10）。電視台能依此判斷 A 確定當選嗎？

圖 2-10 出口民調的結果

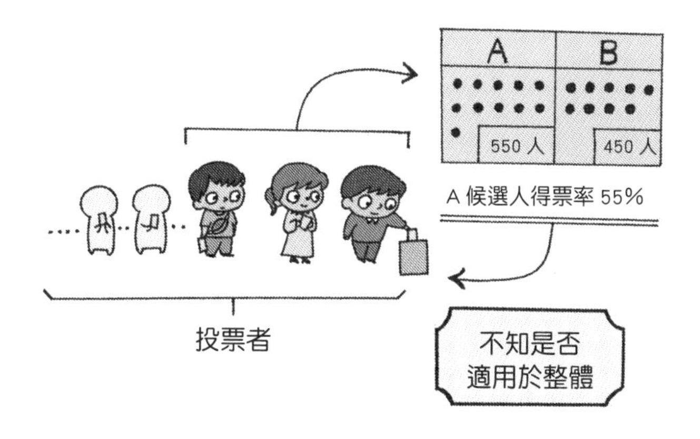

A 的得票率是 550÷1000×100 ＝ 55（%）。因為已超過 50%，當選的機率應該很高；但光憑這點並不能說他確定當選。**因為在其他的出口民調中，投給 A 的人可能變成 500 人，或是只有 450 人，連半數都不到**。所以，這題的答案是「否」。

那麼，要掌握哪些資料才能確定當選？看出口民調結果時，

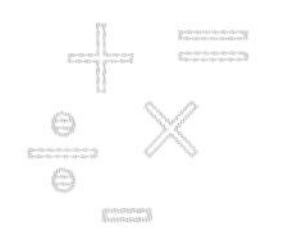

首先必須考慮 A 候選人得票率分布不規則的可能性有多少？

此時，我們需要用到剛才介紹的「**常態曲線**」與統計學的「**區間估計**」。

之前討論偏差值時，也提過「常態曲線」，其形狀像左右對稱的山峰。另外，**它的特性如圖 2-11 所示，曲線與橫軸所圍部分（灰色區域）的面積等於機率**，這點能幫助我們預測 A 能否當選。

圖 2-11 常態曲線的性質

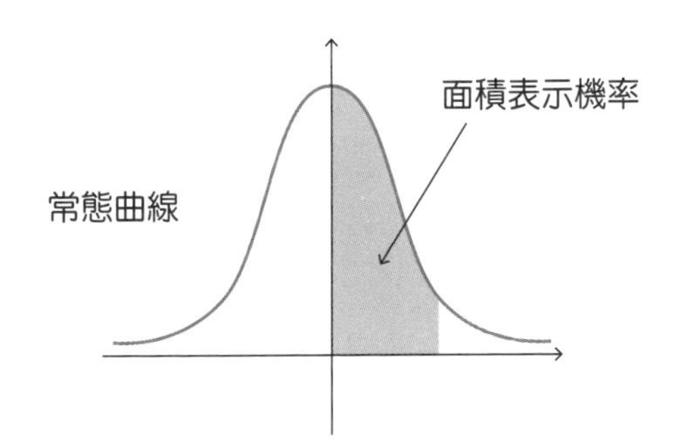

如何畫出「常態曲線」？

這次的例子中，我們設定「常態曲線」的橫軸是 A 候選人的得票率，縱軸是達到該得票率的機率（請見圖 2-12）。

出口民調的得票率是 55%，所以我們認為，從全體投票者中，A 最有可能獲得的得票率是 55%，於是我們以 55% 為頂點畫出圖形（如果出口民調的得票率是 65%，我們就會認為 A 極有可能從全體中得到65%的得票率，並以65%為頂點畫出山形圖）。

畫圖時，如果我們考慮到得票率基本上不會是0%或100%，也不太可能是20%或80%，就會畫出左右對稱的山形「常態曲線」，如圖2-12的形狀。

圖2-12 常態曲線

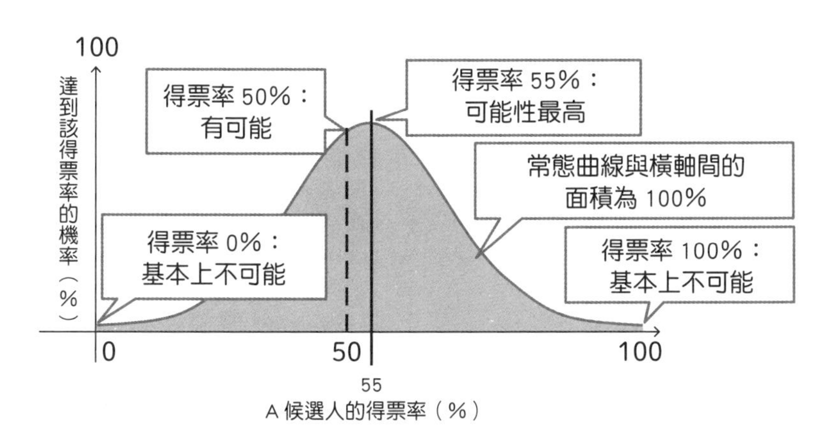

單憑這條「常態曲線」，無法斷定A的得票率不可能是40%或50%；所以，光看出口民調的結果無法判斷當選與否。

前面提過，常態曲線下的面積＝機率。最高的機率是100%，換句話說，這個常態曲線圖最大的面積也是100%。以這樣的方式思考，**我們可以算出A候選人得票率範圍的面積，並預測其機率**。

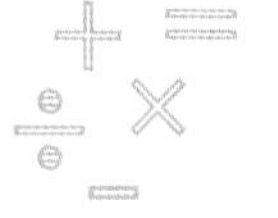

「區間估計」提高預測的精確度

我們先看常態曲線的尾端。由圖可知，這部分的機率看起來相當低。

求機率的詳細方法我就不說明了。不過，實際去計算的話，**A 候選人獲得 60%～ 90%得票率的機率是 0.07409%，表示幾乎不會發生**。

圖 2-13 常態曲線與 A 候選人的得票率

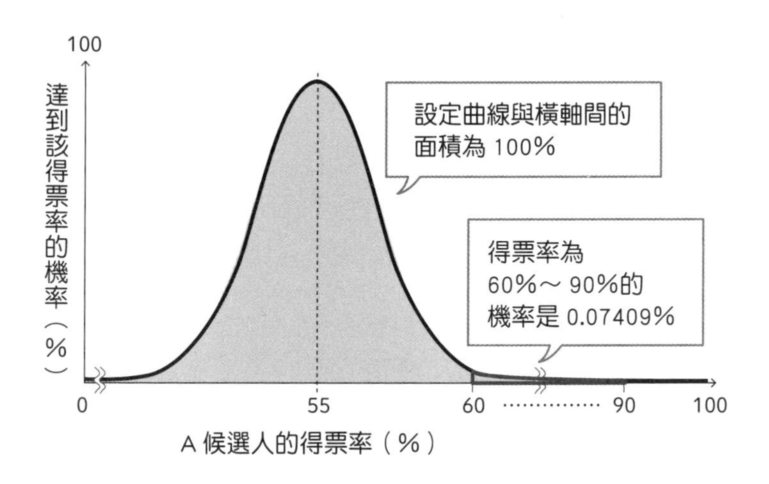

接下來，我們要用「**區間估計**」理論來提高預測的精確度。

大家在考試後，應該都有為了判斷自己的程度而預測分數的經驗吧！

你會做很精細的預測嗎？比如說「我猜我這次會考 83 分」？

我想，大家多半會預測分數的「區間」吧？例如「80分左右」或「大概會考80分以上」之類。因為我們憑直覺就知道，用這樣的方式預測，精確度會比較高。也就是說，**提高預測精確度的關鍵在於要用「區間」來思考**。

圖2-14 如何算出A候選人的得票率

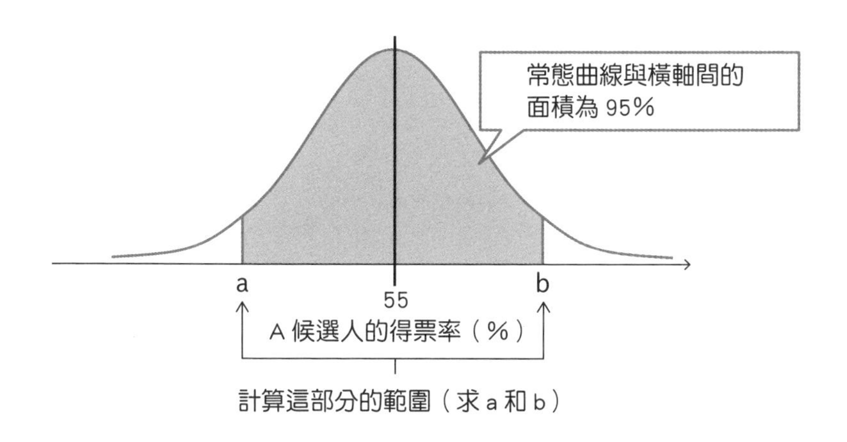

接下來，我們要將「區間估計」的觀點用在「常態曲線」上。但因為是預測，精確度無法達到100%。我們通常會設定預測的精確度為90%、95%或99%，大部分會設95%。

這次我們也設定預測正確的機率為「95%」。所以，算出常態曲線下面積95%的範圍就可以了。

現在我們就依據電視台的出口民調結果所畫出的常態曲線來進行區間估計。只要求出圖2-15中的a和b，就可以求出區間。

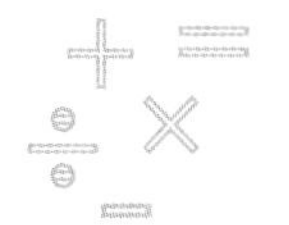

算出 a 和 b 的值，我們就知道在這個範圍內，有 95％的機率會包含 A 候選人的得票率。

圖 2-15 如何用區間估計算出 a 和 b

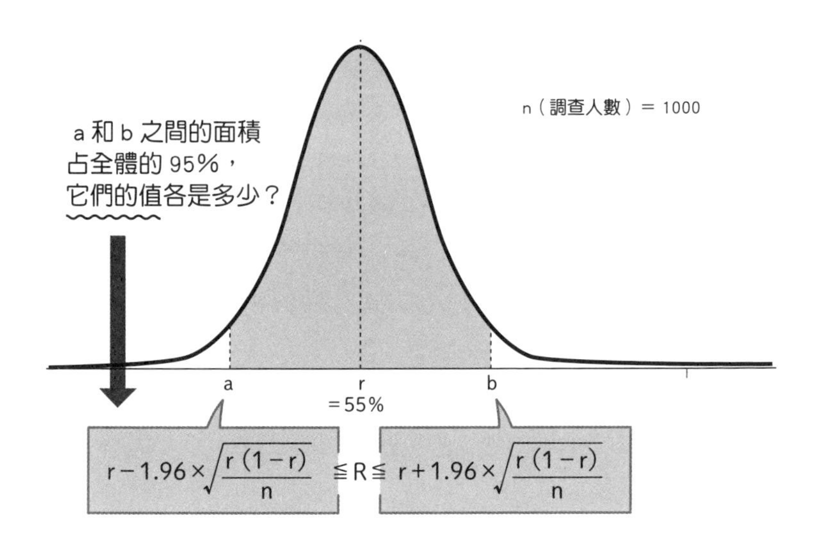

以上是求 a、b 值的公式。這個公式的推導方式很難懂，本書就不多做介紹。我們將出口民調的得票率 55％（0.55）代入公式中的 r，將調查人數 1000 人代入 n。

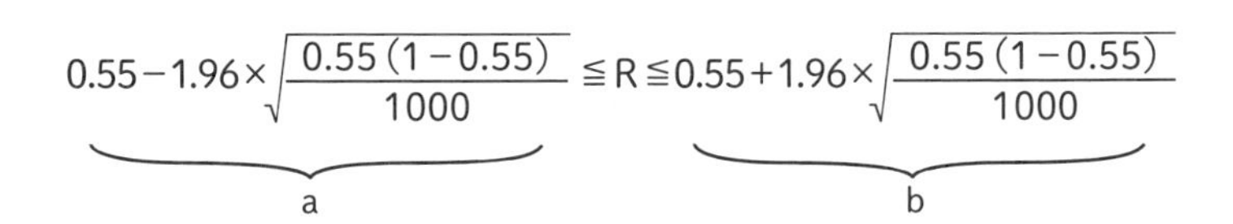

$$\underbrace{0.55-1.96\times\sqrt{\frac{0.55(1-0.55)}{1000}}}_{a} \leqq R \leqq \underbrace{0.55+1.96\times\sqrt{\frac{0.55(1-0.55)}{1000}}}_{b}$$

於是，我們求出 a ≒ 52％，b ≒ 58％。

這個結果表示，**得票率在 52%～58%之間時，常態曲線與橫軸間的面積為 95%**。

常態曲線與橫軸所圍面積表示機率，因此我們可以預測，**A 候選人有 95%的機率至少獲得 52%的選票**。52%已過半數，可以判斷他確定當選。

選舉快報也可能不準

不過，預測畢竟只是預測。這次的預測是以準確度 95%為前提，因此，也有可能在全部開票完成後，結果與預測不同。雖然這種情況很少，但近幾年也有誤判的例子。

用「區間估計」與「常態曲線」做推測時，有一件事非常重要，就是不要用有偏差的資料。例如，為避免預測與實際結果不同，做選舉快報的出口民調時必須多下功夫，如避開 A 候選人的出生地或支持者特別多的地區，因為這些地方的得票數可能會有偏差；此外，訪問的地區要多，調查對象也必須隨機選擇。

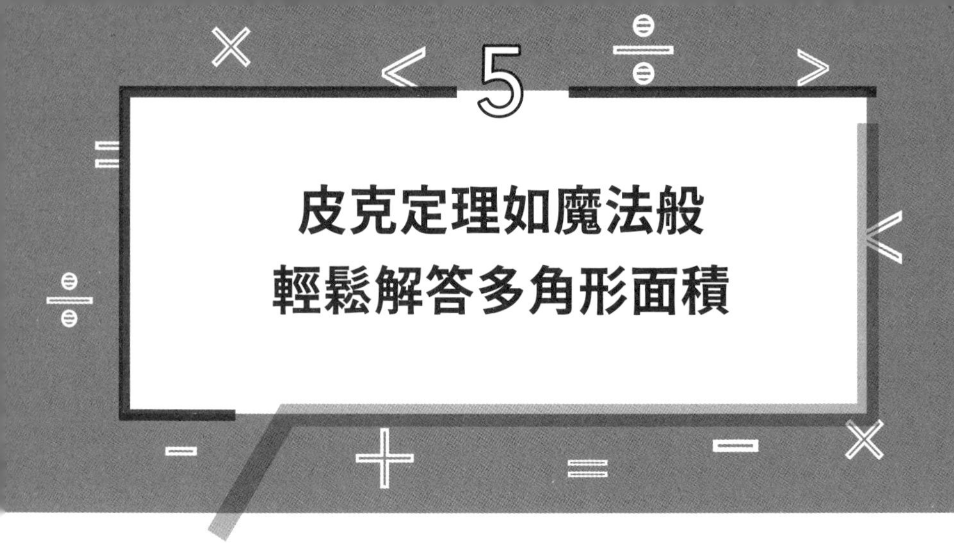

從小學、國中到高中，我們學了各式各樣的算術、數學公式與定理，這些公式、定理大部分都有長遠的歷史。

學校的教科書中幾乎沒有最近才發現的公式與定理。因為最近發現的公式、定理所需的各種組合項目之間，關係大都很複雜。

不過，**其中也有少數是比較簡單、有趣的**。

1899 年發表的「**皮克定理**」（Pick's Theorem）就是其中之一。雖然它是 100 多年前的公式，但在數學的世界，它算是比較新的定理。

用數格點的方式求圖形面積

求複雜圖形的面積時，「皮克定理」是非常方便的公式。它是由數學家喬治・亞歷山大・皮克（Georg Alexander Pick）所發現，以他的名字來命名。

「皮克定理」要用到格點，所以我們要先了解格點的意義。

圖 2-16 格點

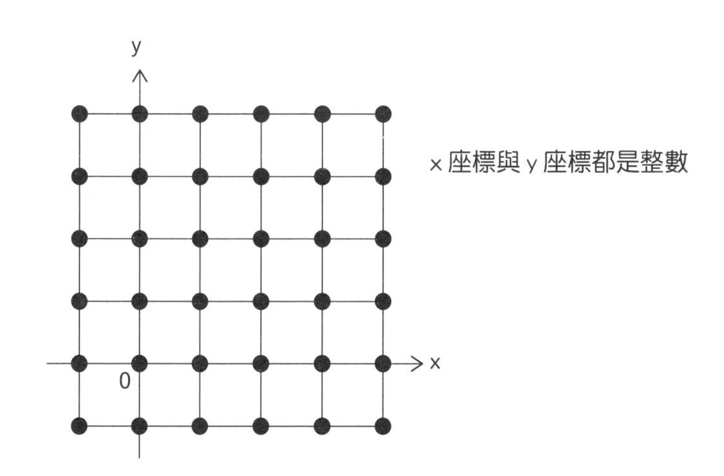

格點指座標平面上，x 座標與 y 座標（x,y）都是整數的點（請見圖 2-16）。描繪多邊形時，只要頂點都畫在格點上，就能用以下的「皮克定理」輕鬆算出該多邊形的面積。

〔皮克定理〕
（內部的格點數）＋（邊上的格點數）$\times\frac{1}{2}$ － 1

「內部的格點數」指多邊形內部的格子點數，「邊上的格點數」指多邊形各邊上的格子點數。

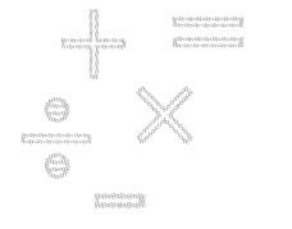

雖然座標平面是事先設定的，但這個定理能求出任何多邊形面積。知道這個定理的人應該不多，但我還記得第 1 次聽到它時，心中微微的興奮感。

現在，讓我們用三角形為例，確認「皮克定理」能否求出多邊形面積。

圖 2-17 三角形

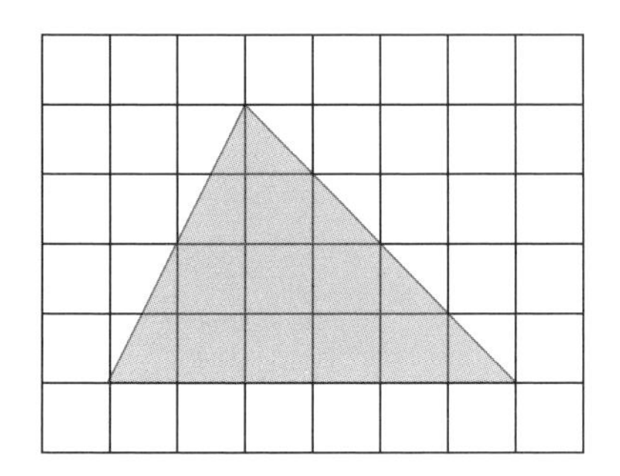

我們先用一般求三角形面積的公式「底 × 高 ÷2」來計算。

圖 2-17 的三角形，底邊有 6 格，高度有 4 格，所以面積是 $6\times4\div2 = 12$。

接下來用「皮克定理」來計算看看。

圖 2-18 如何用「皮克定理」求面積

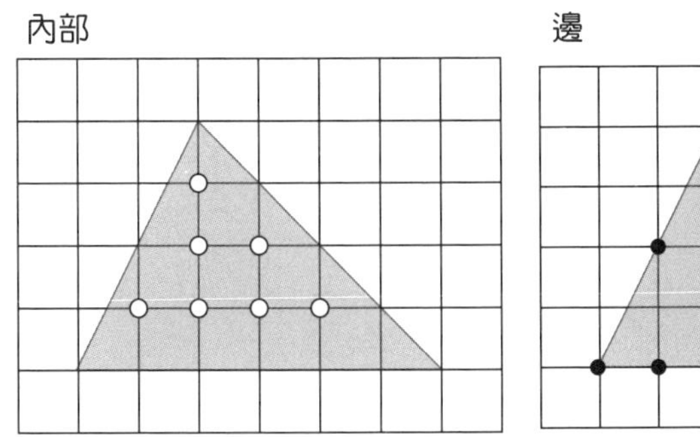

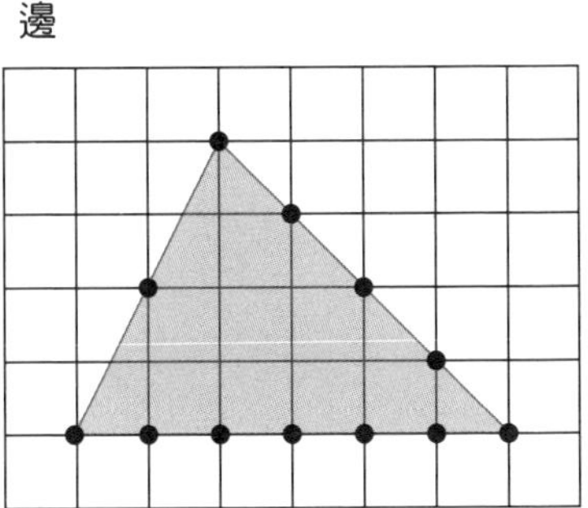

三角形內部的格點有 7 個，邊上的格點有 12 個，套入公式後，得到以下結果：

$$7+12\times\frac{1}{2}-1=7+6-1=12$$

就像這樣，只要數格點，就能正確求出三角形面積。

複雜的多邊形面積也能輕鬆解答

上一個問題是簡單的三角形面積，用「底 × 高 ÷2」比較容易求出答案。不過，若遇到像圖 2-19 般有點複雜的多邊形，就該是「皮克定理」發揮的時候了。

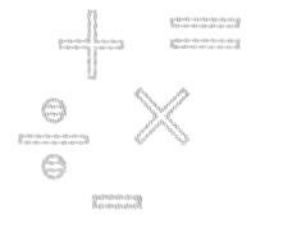

圖 2-19 複雜的多邊形

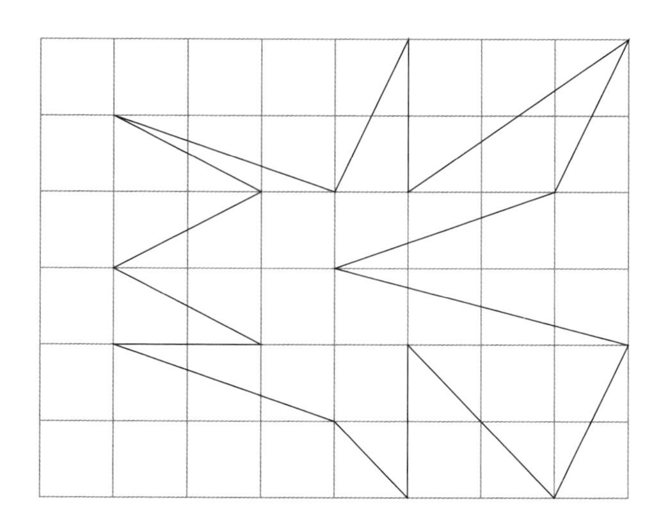

如果要你求這個多邊形的面積，你應該會覺得很麻煩吧！實在不知從何算起。用「底 × 高 ÷2」的話，算式會相當冗長：

$$1\times1\times\frac{1}{2}+1\times2\times\frac{1}{2}+2\times2\times\frac{1}{2}+(4+3)\times1\times\frac{1}{2}+(3+5)\times1\times\frac{1}{2}$$
$$+3\times1\times\frac{1}{2}+1\times1+1\times1\times\frac{1}{2}+3\times2\times\frac{1}{2}=\frac{1}{2}+1+2+\frac{7}{2}+4+\frac{3}{2}+$$
$$1+\frac{1}{2}+3=17$$

此時，用「皮克定理」就方便多了。

圖 2-20 如何用「皮克定理」求多邊形面積

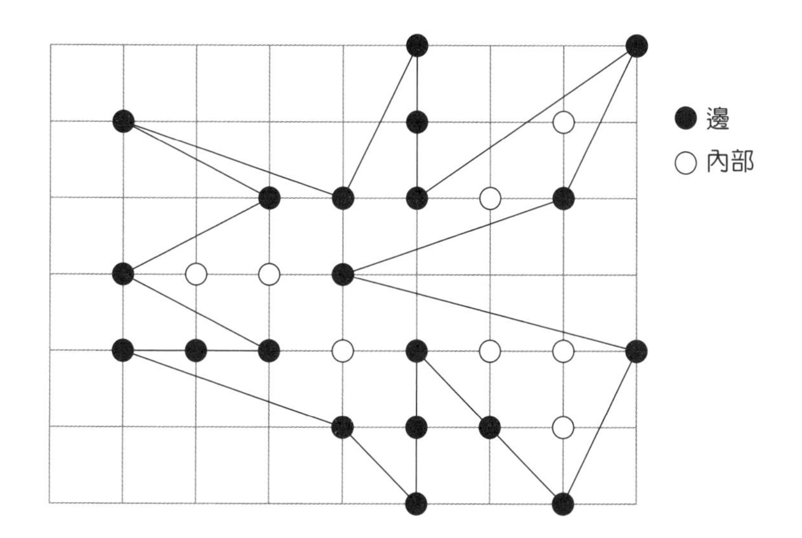

內部的格點有 8 個，邊上的格點有 20 個，套入公式後，得到以下結果：

$$8+20\times\frac{1}{2}-1=8+10-1=17$$

當然，用「底 × 高 ÷2」也是求出同樣的答案。「皮克定理」真的很神奇，竟然能用格點數來求三角形面積，大家一定要用複雜的圖形來試一下。

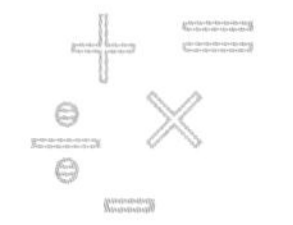

不久的將來，東京大學的入學考試也會考「皮克定理」？

東京大學工學研究科研究所的入學考試曾出過求「皮克定理」公式的題目。題目中並未要求證明「皮克定理」，但其實在高中數學的範圍內就有辦法證明。

像這樣有趣的定理及其證明，將來或許會出現在東京大學、京都大學的入學考試中。

東京大學考過「請證明圓周率大於 3.05」，這題連國中生都會。京都大學考過史上最短的題目：「tan1°是有理數嗎？」這兩題不但有特色，又能測出考生的思考能力與基礎知識程度，是非常好的考題。

因為證明「皮克定理」也就是說明證明的思路，日後若出現在這兩所大學的考題中，也不足為奇。可以說，「皮克定理」將來會是值得注目的公式之一。

第3章

精彩謎題幫助你鍛鍊靈活的創意能力

猜謎是電視常見的節目，也是遊樂區常見的活動。要推理出答案，大都需要靈活的創意思考力或瞬間的靈光一閃。因此可以說，解謎最適合用來鍛鍊創意能力。

本章精選了6個以算術、數學著名理論為背景的謎題。現在就請你來享受解謎的樂趣，同時鍛鍊創意能力吧！

1 頭腦僵化的大人解不出來？需要創意能力的益智遊戲

問題

下圖的「？」部分是什麼數字呢？

提示：請計算到最後

難易度 ★★★☆☆　創意能力 ★★★★☆　邏輯 ★★☆☆☆

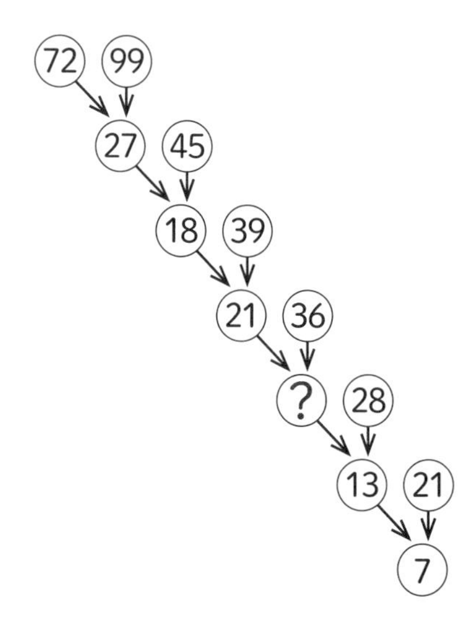

這個絕妙的問題是知名謎題作家蘆原伸之設計的。

我在數學課堂上經常提到這個問題，大多數人都回答「**15**」。

可惜，15 不是正確答案。

15 這個答案雖然是錯的，但還是有它的價值。

先來看看為什麼那麼多人會回答 15 ？他們的思考過程是什麼？

為什麼會回答15呢？

如圖 3-1 所示，這個謎題是從 72 和 99 出發，兩者的箭頭指向 27。

圖 3-1 益智謎題的法則①

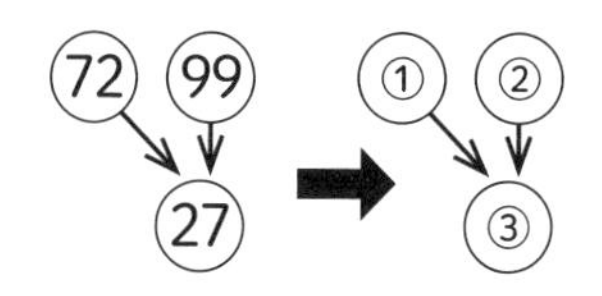

如果嘗試將這 3 個數字用加法、減法等各種方式運算，多數人會認為，只要 99 減 72，不就能得到 27 嗎？

也就是說，應該可以預料，**箭頭上方的數字②減箭頭左上方的數字①，就會得到箭頭下方的數字③**。經過實際計算後，結果如下：

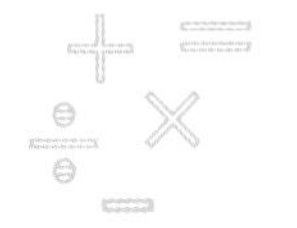

圖 3-2 益智謎題的錯誤解法

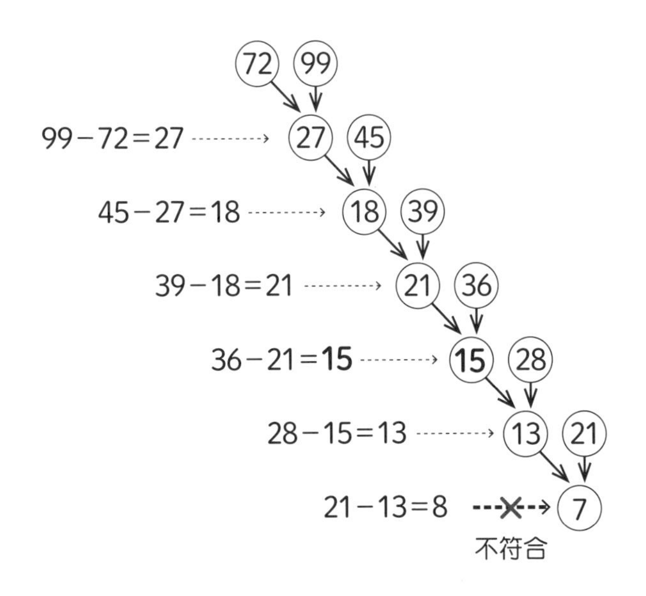

依照上述規律計算下來，各個數字都恰好符合。所以，**「？」部分應該也是 36 減 21 就可以了，所以答案是 15**。

為慎重起見，我們繼續往下算，確認是否會得到 13。28 － 15 ＝ 13，沒錯。我想，應該有很多人是因為這樣的過程，所以才回答 15 吧！

不過，**這個謎題的最後有陷阱**。

請看最後一個數字。從 21 和 13 發出的箭頭尾端寫的是 7。

若套用之前的規律，應該是8才對（21－13＝8），這裡顯然不符合之前的規律。

換個角度，把數字唸出來看看……

所以「？」部分該填哪個數字？這下不得不重新思考了。

此時應該注意21－13＝7這個錯誤的部分。一般人做事，如果原本的方法進行順利，通常都會堅持繼續用原方法（在這裡就是用減法）。

但遇到現在的情況，**解決問題的祕訣之一是大膽反其道而行**。也就是說，之前用的是減法，現在來想想看是不是能用加法。

圖3-3 益智謎題的法則②

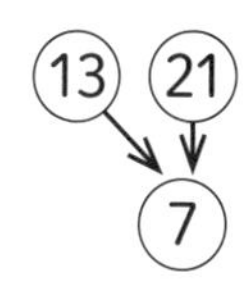

但是，光是將兩者相加，13＋21＝34，答案還是不對。所以，要想想還有沒有別的觀點，**比如說把13、21這些數字用日文唸出來**。

13（Jyusan）　21（Nijyuichi）

這個讀法當然是正確的，但並無特殊之處，必須再思考還有沒有別的法子。

我在海上自衛隊教數學 16 年，海上自衛隊的人對時間有獨特的講法。

例如講 13 點 21 分時，他們會把數字並列，用日文唸出 1321。

1（Hito） 3（San） 2（Futa） Hito（1）

1（Hito）、3（San）、2（海上自衛隊唸 Futa）、1（Hito），一個個分別唸出。現在，**請看著這幾個用自衛隊的方式分開的數字「1、3、2、1」，把它們加起來看看**。

$$1 + 3 + 2 + 1 = 7$$

可以發現，它們巧妙的產生關聯。

我們將這個方法用在謎題上，從最上方開始再算一次。

依據新發現的規律來計算，原本不符合的數字也對上了。

所以，**我們推導出「？」部分的答案是「12」**。即使不知道海上自衛隊對時間的說法，有創意的孩子也常摸索著，把十位數和個位數分開，再把它們加起來。

圖 3-4 益智謎題的正確解法

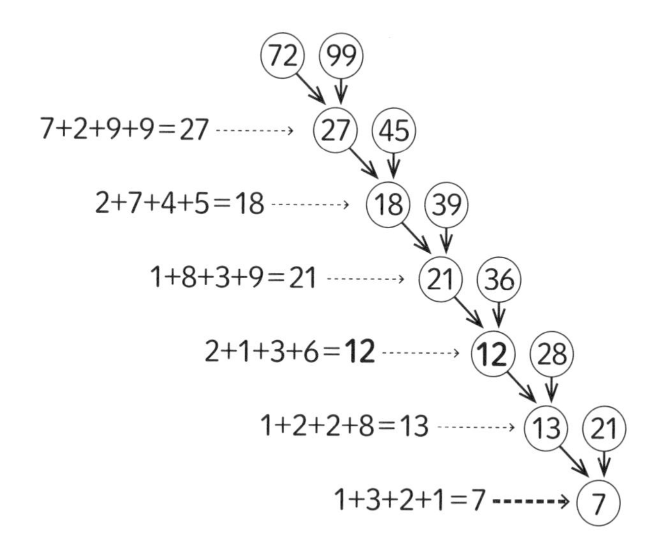

數學的正確答案就在失敗前方

從這個謎題中可以悟出兩個道理。**其中一個就是經過失敗後，從中思考如何改善是非常重要的**，這是提高數學能力的關鍵之一。

有句話說，在充滿競爭的世界，「有不可思議的勝利，但沒有不可思議的失敗」。這句格言也適用於數學。

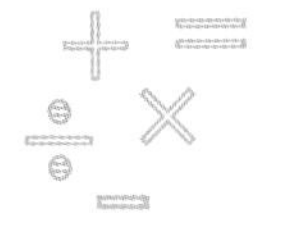

解題時，通往正確答案的路不是只有一條。所以，有時不用邏輯思考，也可能僥倖得到正確答案。但這樣的話，就算答對了，也只是碰巧得來的。

但是，失敗並不是碰巧得來的，所以我們可以思考失敗的理由。某個問題用 A 方法得到錯誤答案；下一題你就有能力判斷，不要使用 A 方法。因為**經歷失敗後，通往正確答案的道路已在前方展開**。

還有一點，數學的法則必須在任何情況下都能成立，否則就不會被承認。

這個謎題中，一開始用減法雖然成功，但最後一個數字不對，減法的法則就不能成立。

就算順利進行到第 100 個，只要第 101 個不可行，法則還是無法成立。這就是數學。

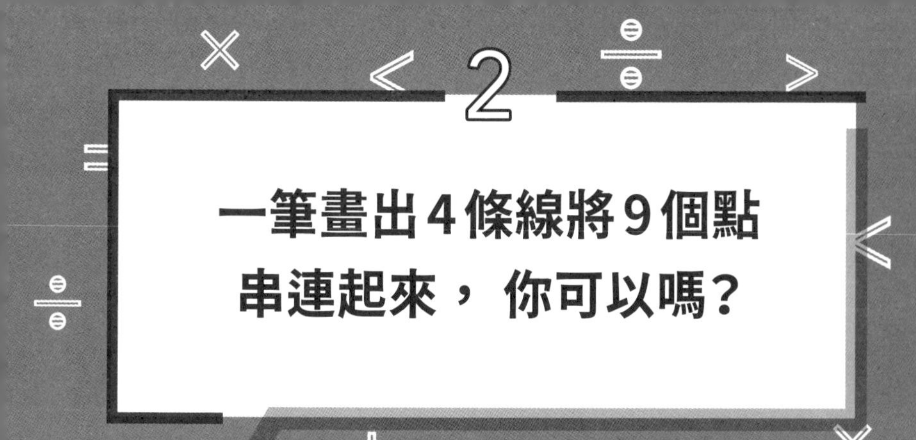

2 一筆畫出4條線將9個點串連起來，你可以嗎？

問題

下圖有 9 個點。請用 4 條線，把那些點一個不漏的連起來，而且要一筆畫完成。每條線都要是直線，不能是曲線或折線。

難易度★★☆☆☆　創意能力★★★☆☆　邏輯★★☆☆☆

實際去挑戰看看，是不是怎樣都行不通？

雖然想照規定用一筆畫，但似乎無論如何，都會畫出 5 條以

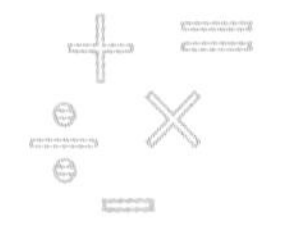

上的線（請見圖 3-5）。

此外，題目規定要用一筆畫，所以不能用圖 3-6 的畫法。

圖 3-5　錯誤例子

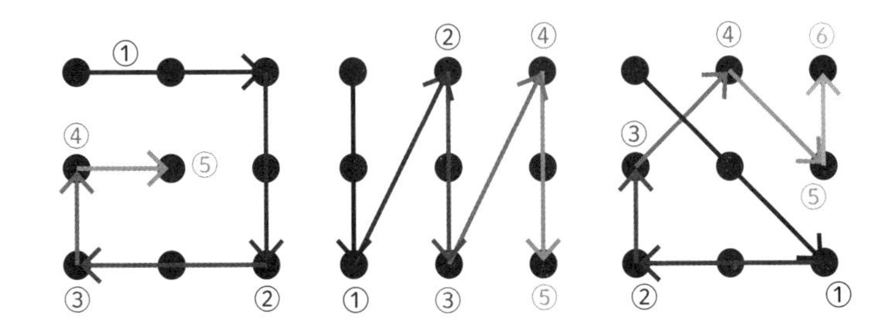

圖 3-6　錯誤例子②

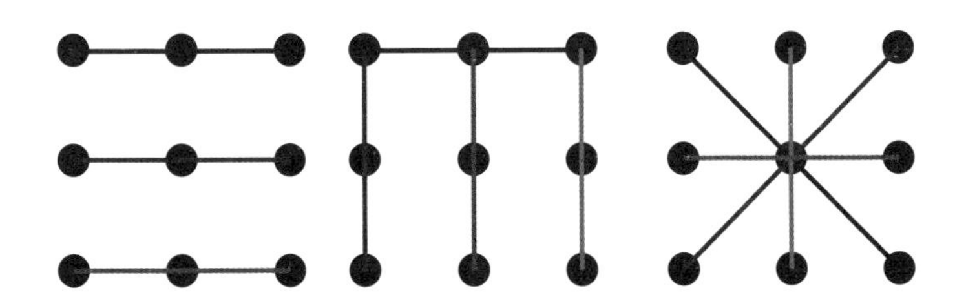

擴大視野解決問題

解決這個問題的重點就是要真正的「擴大視野」。

如果你為了解決問題反覆苦思，視野往往會變得狹窄，因為你會以為線只能從點上通過。

於是你會像圖 3-7 所示，只在虛線範圍內尋找答案。再看看前頁那些失敗例子，畫的線真的都在虛線範圍內吧？

圖 3-7 擴大視野思考問題

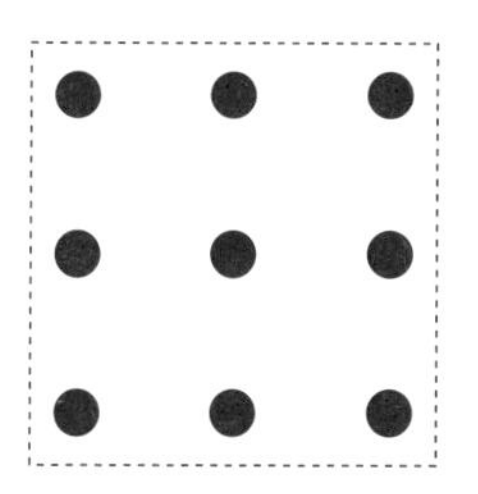

不過，**題目完全沒說一定要畫在虛線範圍內**。所以，不拘泥於框框，才是找到答案的途徑。

不受限於框內，恣意揮灑

我們直接看答案吧！要像下頁的圖 3-8 一樣，拓寬視野大膽畫。

如圖中的①、②般，痛快的把線延伸出去，如此，只用 4 條線就能連起所有的點。

這種答案可能會讓人覺得太簡單而意猶未盡吧！

我在課堂上問這個問題的時候，也有人認為線必須停在點的

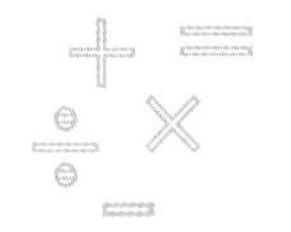

位置，但題目中完全沒有這項規定。

圖 3-8 問題的解法

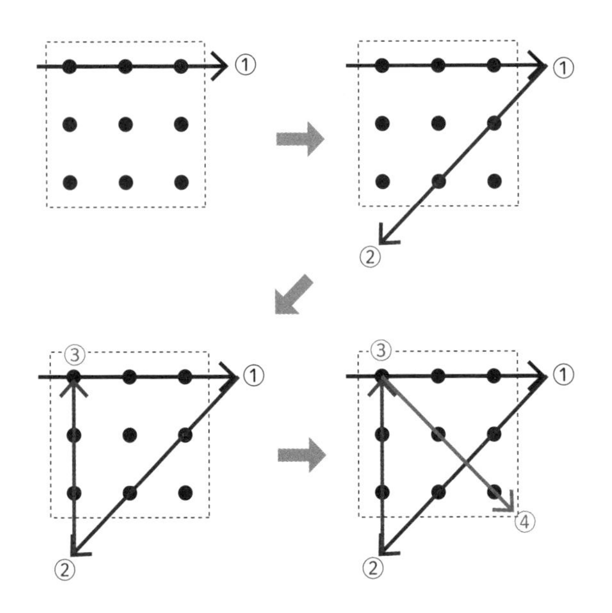

問題解決不了時，換個角度，再把問題的條件仔細看一遍。

這麼做通常就能輕鬆解決數學問題，這個題目就是很好的例子。

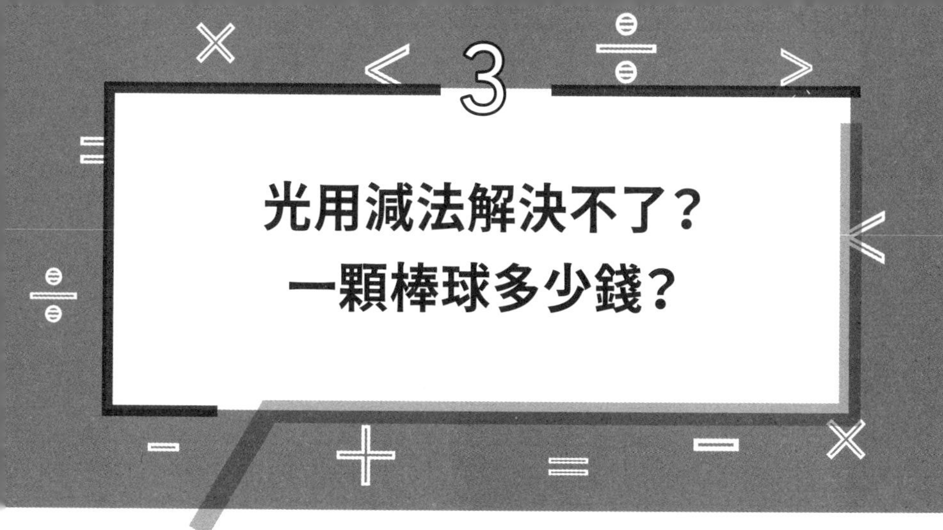

光用減法解決不了？一顆棒球多少錢？

問題

一根球棒和一顆棒球共 11000 日圓。球棒比球貴 10000 日圓，請問球多少錢？

難易度 ★☆☆☆☆　創意能力 ★☆☆☆☆　邏輯 ★☆☆☆☆

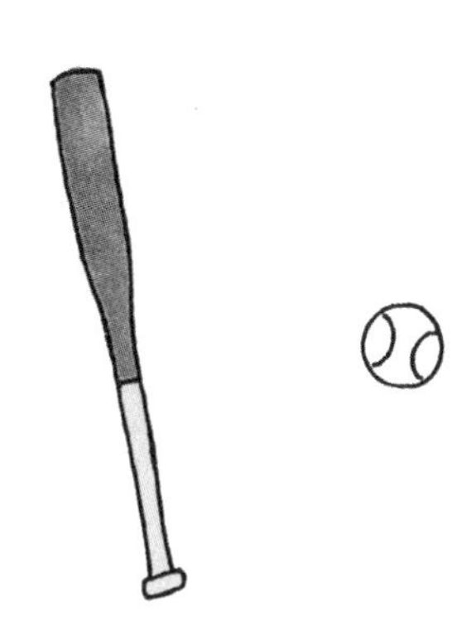

乍看之下，這題似乎用減法就能輕鬆解決。球棒比球貴 10000 日圓，那麼 11000 日圓減 10000 日圓，答案是 1000

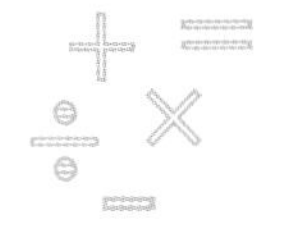

日圓。應該會有人這麼回答吧？

正確答案其實是 500 日圓。

看似簡單的「陷阱題」

這題就是所謂的「**陷阱題**」。

我們先來看 1000 日圓為什麼不對。

如果球 1000 日圓，球棒比球貴 10000 日圓，那麼，球棒就是 11000 日圓。

我很想說「恭喜答對了」……但可惜事與願違。

如果球 1000 日圓，球棒 11000 日圓，加起來就是 12000 日圓了。但題目中寫的是「球棒和棒球共 11000 日圓」，數字不一致，所以這個答案是錯的。

如何求正確答案？

以下是求正確答案的方法。

球棒比球貴 10000 日圓，那麼，如果球棒減價 10000 日圓，球棒和球的價格就相等了。因此，如以下算式，減價 10000 日圓的球棒和球總共是 1000 日圓。

11000 日圓 − 10000 日圓 = 1000 日圓

接下來，**因為球棒減價 10000 日圓後和球的價格相同，所以 1000÷2 就可得到球的價格**。

現在，我們知道球的價格是 500 日圓了。知道了球的價格，就能算出球棒的價格。球棒比球貴 10000 日圓，所以是 **10500 日圓**，和題目中「球棒和棒球共 11000 日圓」的敘述一致。

圖 3-9 球棒和棒球的價格

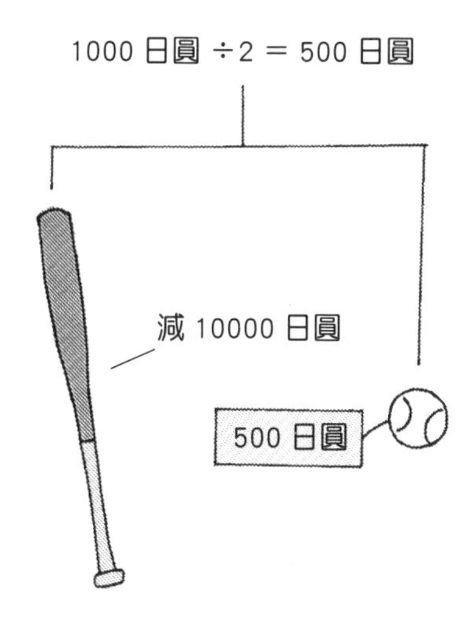

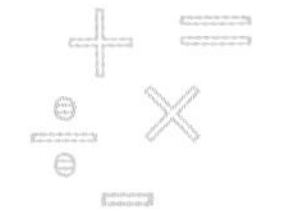

陷阱題可以用方程式解決

以上是用邏輯來解決問題。不過，**問題中有陷阱時，方程式是很簡便的方法**。因為方程式可以讓我們機械式的求出答案，從而避開陷阱。

所以，本書也會介紹如何用方程式求解。

使用方程式時，必須先用字母代替你想求的未知數。這題問的是棒球的價格，所以我們設棒球價格為 x 日圓。

球棒比球貴 10000 日圓，所以球棒價格是 x ＋ 10000 日圓。

球的價格（x 日圓）和球棒價格（x ＋ 10000 日圓）共 11000 日圓，形成以下方程式：

$$x + (x + 10000) = 11000$$

左邊的 2 個 x 經計算後是 2x，於是方程式變成：

$$2x + 10000 = 11000$$

接著兩邊各減 10000。

$$2x + 10000 - 10000 = 11000 - 10000$$

$$2x = 1000$$

然後兩邊各除以2，得出 $x = 500$，所以棒球價格為500日圓。

大家在做算術、數學題時，應該都有因粗心出錯而懊惱不已的經驗吧！**就算題目很簡單，但如果被猛然一問，也可能會一時大意而出差錯**。

「慢慢算的話就不會出錯了……」這種悔恨的心情誰都有過。但如果這樣的錯誤一再發生，就會培養出數學恐懼症。

要避免粗心犯錯，就要像做這次的題目一樣仔細確認。之前也提過，如果問題看起來有陷阱，可以用方程式，以機械式的計算來迴避陷阱。當然，用方程式如果計算錯誤，也是一場空，所以確認（驗算）非常重要。

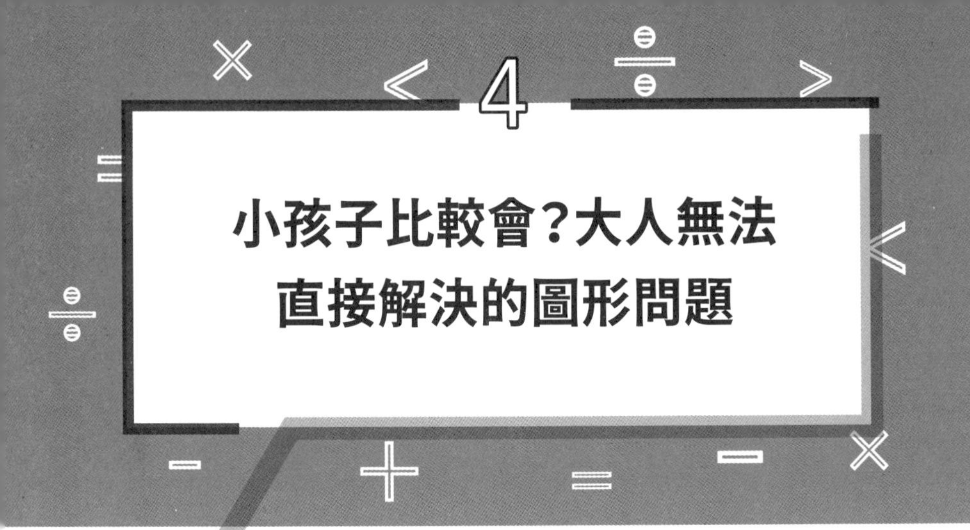

4 小孩子比較會？大人無法直接解決的圖形問題

問題

求以下圖形的 BC 長度，並將數字填入空格。

難易度 ★☆☆☆☆ 創意能力 ★★★☆☆ 邏輯 ★★☆☆☆

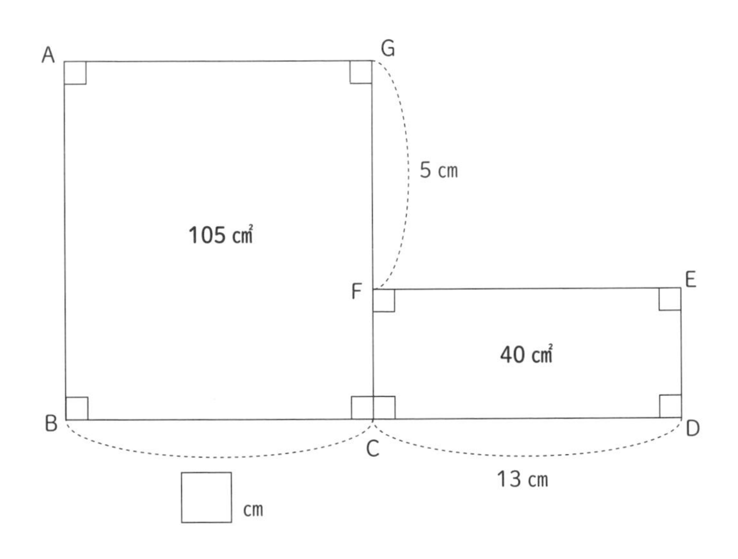

有機會時，我會到小學出差授課。這樣的課程通常家長也可以參與，所以我在出題時，會盡量出親子可以一起思考、同樂的問題。

想求出這題的答案，其實沒那麼難。只要不管三七二十一，用國中學過的方程式，就算有點硬幹，也能得到正確答案。不過，大人與小孩的解題方式往往大異其趣；大人通常用困難的方法，小孩則用簡單的方法。

兩者的解題方式有什麼差異呢？

大人會想用方程式，以困難的方式解題

大人最常見的解法，就是**用方程式這個「強大利器」推導出答案**。

方程式就是用 x 求未知數，這個方法有點蠻幹的味道，但能解決大多數的問題。

這題問的是 BC 的長度。我們已經知道長方形 ABCG 的面積，所以只要求出 CG 的長度，再用除法，就可得到 BC 的長度。另外，FG 的長度已知，所以設 CF 為 x（cm）。

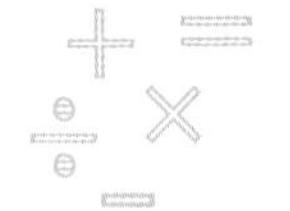

圖 3-10 使用 x 的解法

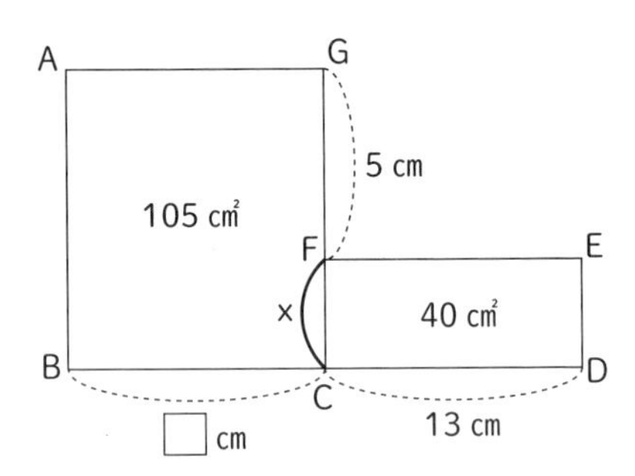

接著看長方形 CDEF。它的長度是 xcm，寬度 13cm，面積 40cm²，可得 x×13 = 40；算式變形後，可得：

$$x=\frac{40}{13}$$

左邊長方形 ABCG 的長度（CG）算法如下：

$$CG=CF+FG=x+5=\frac{40}{13}+5=\frac{40}{13}+\frac{65}{13}=\frac{105}{13}$$

ABCG 的面積為 105，可得出以下算式：

$$\frac{105}{13}\times\square=105$$

因此可得□（即 BC）等於 13。

雖然經過很多道程序，費了一番力氣，但總算得到答案了。

小孩試圖填補「欠缺的部分」

有些小學生會用有創意的方式解開這個問題。

他們眼中看到的是「欠缺的部分」。

只要觀察圖形，就會看到如圖 3-11 所示的欠缺部分。我們把這部分補上，成為長方形 GFEH。

長方形 GFEH 的面積為 5×13 ＝ 65

圖 3-11 填補欠缺的部分

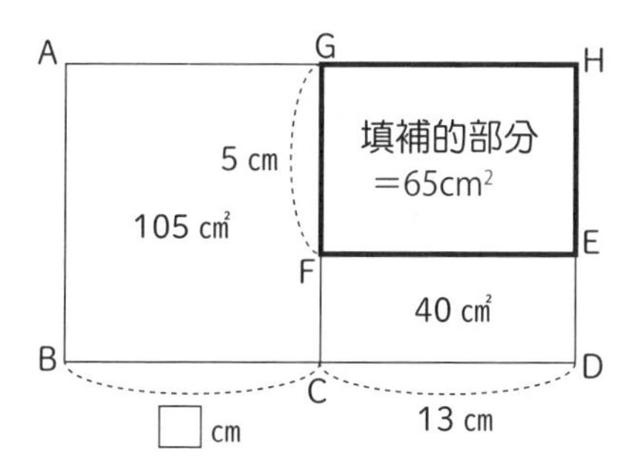

補上之後，請再看一次圖形。右側長方形 GCDH 的面積是 65 ＋ 40 ＝ 105，跟左側長方形 ABCG 的面積相同。

左右兩個長方形的長度相等，所以寬度也必須相等，面積才會相等。

因此可輕鬆推導出□＝ 13。

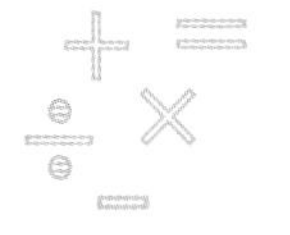

不過度依賴方程式也很重要

我們在國中時學了方程式這個強大利器，用它解決了很多問題。

方程式的優點是能機械式的解題，但**如果過度依賴它，我們就會遇到任何問題都使用它；這樣一來，創意就很難產生**。

相反的，**小學生不懂方程式；正因為如此，他們會腳踏實的思考，創造出靈活的解題方法**。他們的創意不只用在這個問題上，而是每次都令我驚豔。

當遇到這種**很難求出局部答案的問題，從整體的角度思考，也是一種方法**。

考慮整體而非局部，這樣的思考方式不只可用在高中或大學考試，遇到實際的數學難題時也用得上。

曾獲費爾茲獎（Fields Medal）的數學家廣中平祐有個小故事。某次解難題時，他想要有條件的局部解決；但另一個數學家岡潔建議他，與其局部解決，不如把問題做大，讓它發展成普遍的難題（從整體思考）。廣中平祐依照他的建議進行研究，結果獲得了費爾茲獎。

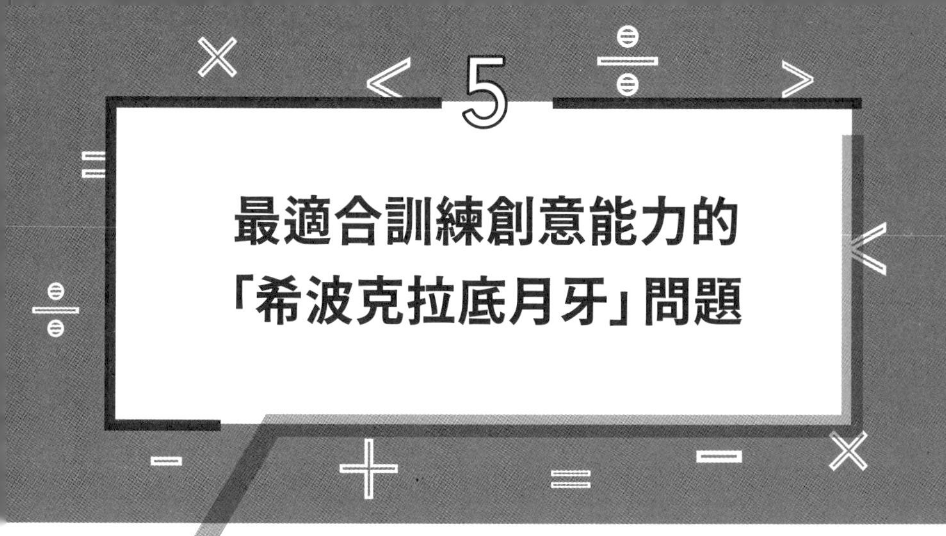

5 最適合訓練創意能力的「希波克拉底月牙」問題

問題

求以下圖形灰色部分的面積。圓周率可用 π 或 3.14（本書用 π）。

難易度 ★★★☆☆ 創意能力 ★★★☆☆ 邏輯 ★★★☆☆

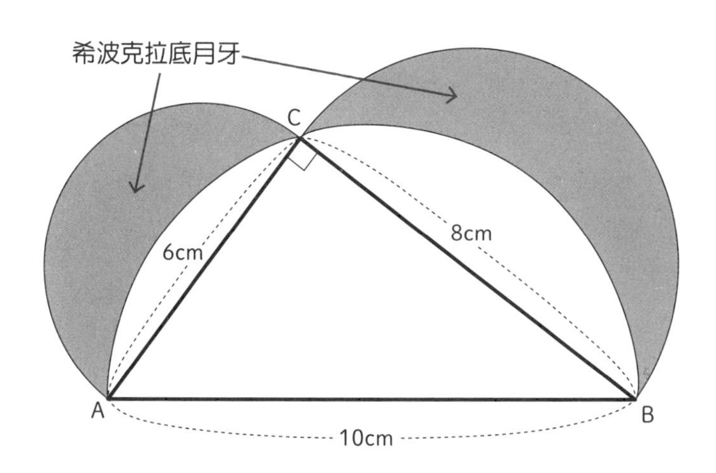

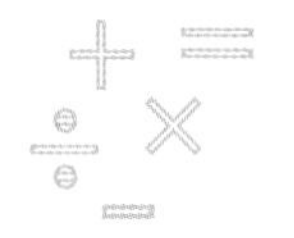

這題叫做「**希波克拉底月牙**」(Lune of Hippocrates)。希波克拉底(Hippocrates of Chios)是古希臘數學家,跟「醫學之父」希波克拉底(Hippocrates of Cos II)不是同一人。

這題乍看之下很難,不過**我們已從上一題學到「填補欠缺部分」的重要性,這次用同樣的方法就可以推導出答案**。現在讓我們開始解題,同時落實 104 頁所說的思考方式。

填補、分割「欠缺的部分」

從問題中可看出,灰色部分的面積比較複雜,無法立刻求出答案。它難在哪裡呢?其實就跟 104 頁那題一樣,都有欠缺的部分。所以,**我們將空白處補上,再把整個圖形分割成 2 個半圓形和 1 個三角形(請見圖 3-12)**。

圖 3-12 把「希波克拉底月牙」中的空白部分補上

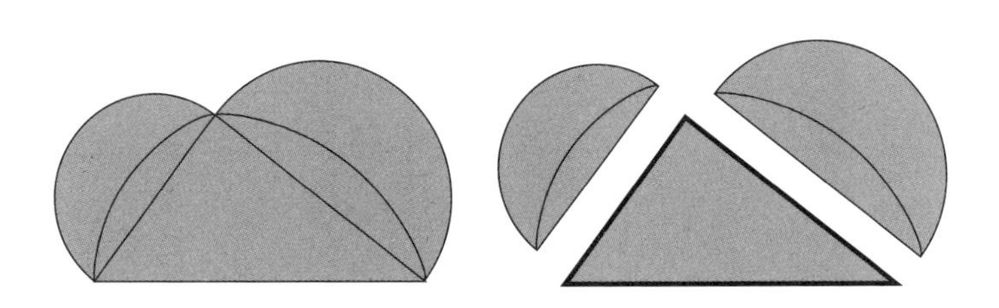

接著,求出各分割部分的面積。

三角形的面積公式是「底 × 高 ÷2」,圓形面積則是「半徑 × 半徑 ×3.14(π)」。

圖 3-13 「希波克拉底月牙」的解法①

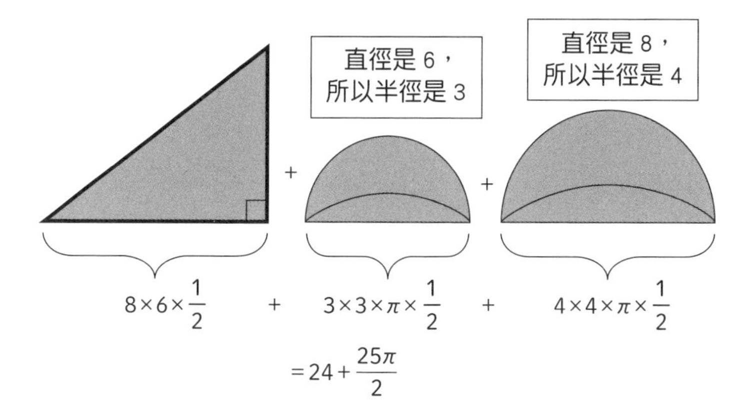

如上圖，將各分割圖形的面積相加，算出整體面積。

整體面積減去半圓形，則得灰色部分的面積（請見圖 3-14）。

圖 3-14 「希波克拉底月牙」的解法②

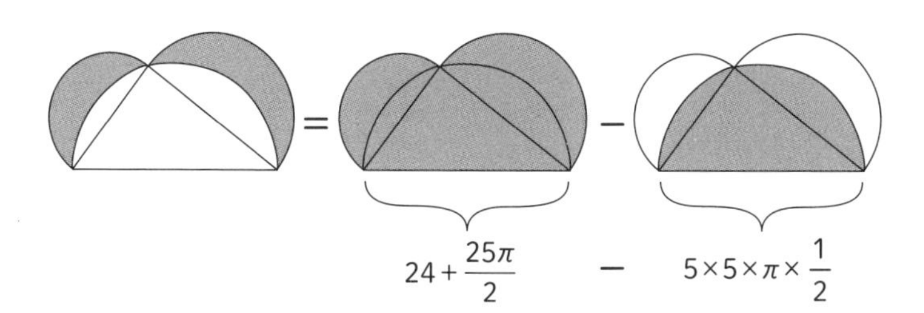

計算之後，答案是 24。

怎麼樣？看似困難的問題，只要補上欠缺的部分，就能出人意料的輕鬆解決呢！

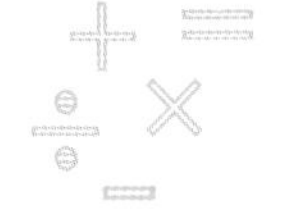

專欄：
「畢氏定理」讓我們看見奇妙的關係

其實，我想透過這個問題傳達一件事。

問題所求部分的面積是 24，**跟三角形的面積相等**。實際上，這題的三角形面積也是 $6\times8\times\frac{1}{2}=24$。

這樣的結果絕非偶然，**圖 3-15 中的關係必然會成立**。

圖 3-15 「畢氏定理」與「希波克拉底月牙」①

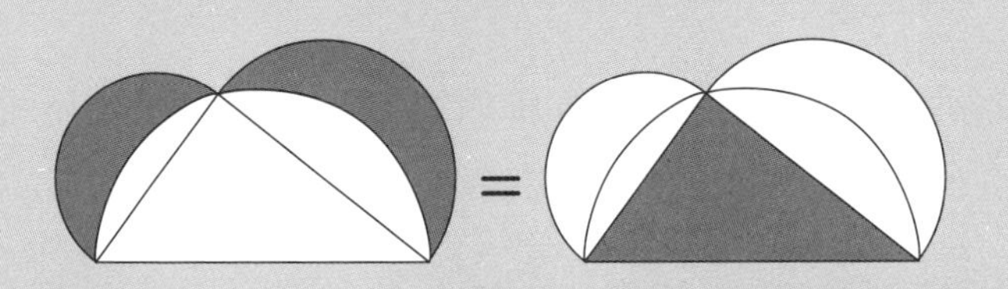

為什麼這樣的關係一定會成立呢？**我用國中所學的「畢氏定理」（Pythagoras Theorem）「$a^2+b^2=c^2$」（請見 162 頁）來說明**。

首先請注意，圖 3-16 中，灰色部分的面積是相等的**（半圓①的面積＋半圓②的面積＝半圓③的面積）**。

圖 3-16 「畢氏定理」與「希波克拉底月牙」②

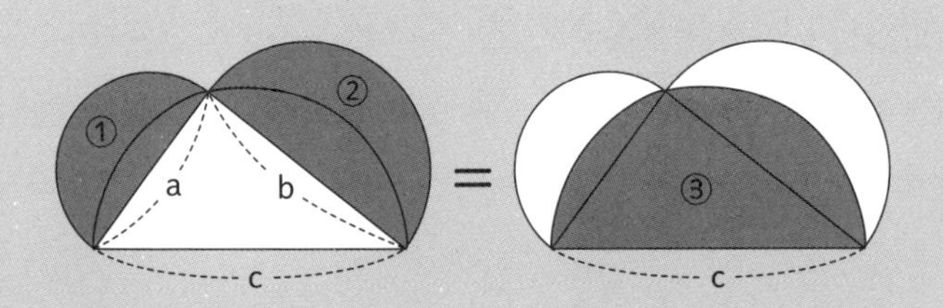

半圓①的半徑是 $\frac{a}{2}$，所以面積是

$$\frac{a}{2} \times \frac{a}{2} \times \pi \times \frac{1}{2} = \frac{a^2}{8}\pi$$

半圓②的半徑是 $\frac{b}{2}$，所以面積是

$$\frac{b}{2} \times \frac{b}{2} \times \pi \times \frac{1}{2} = \frac{b^2}{8}\pi$$

半圓③的半徑是 $\frac{c}{2}$，所以面積是

$$\frac{c}{2} \times \frac{c}{2} \times \pi \times \frac{1}{2} = \frac{c^2}{8}\pi$$

計算半圓①＋半圓②的面積，再套用畢氏定理「$a^2 + b^2 = c^2$」，可得半圓③的面積。

$$\underbrace{\frac{a^2}{8}\pi}_{①} + \underbrace{\frac{b^2}{8}\pi}_{②} = \frac{a^2+b^2}{8}\pi = \underbrace{\frac{c^2}{8}\pi}_{③}$$

因此可證明**半圓①的面積＋半圓②的面積＝半圓③的面積**。

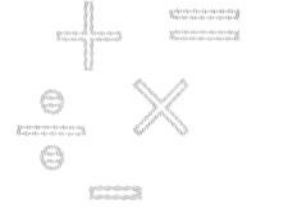

從這個結果可看出，**整體面積減掉半圓①＋半圓②的面積＝整體面積減掉半圓③的面積**。

也就是說，圖 3-17 的關係成立。

圖 3-17 **「畢氏定理」與「希波克拉底月牙」③**

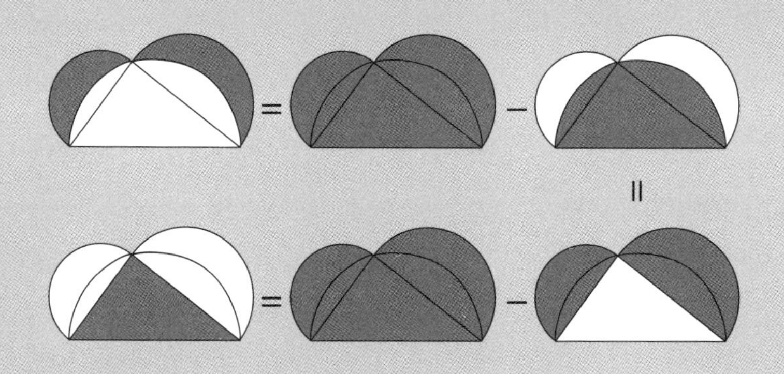

或許會有人覺得，圖形問題很難。

不過，數學中經常成立複雜但又不可思議的關係。如果能讓你覺得至少有點有趣，我會很開心。

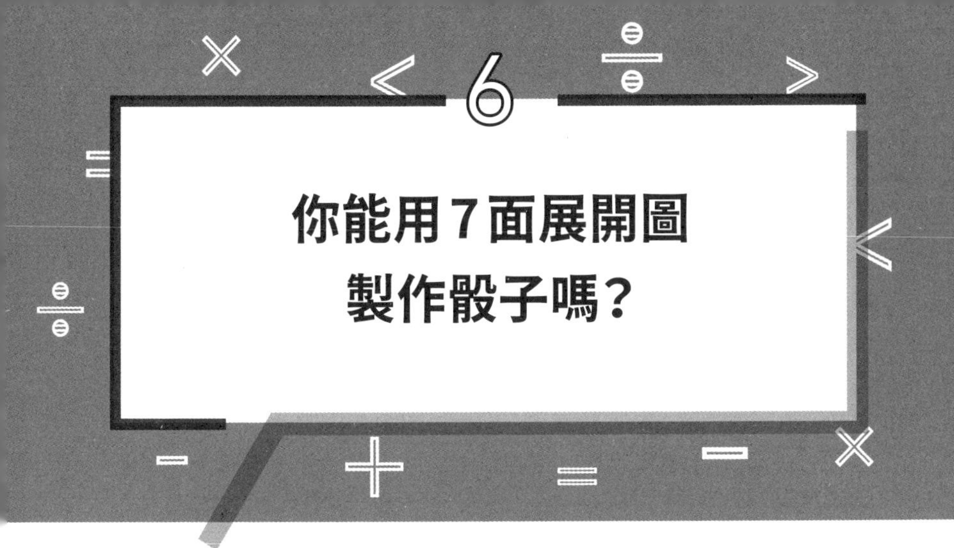

6 你能用7面展開圖製作骰子嗎？

問題

請用以下 7 面展開圖製作正方體（骰子形狀），不可用剪刀剪開。

難易度 ★★★☆☆　創意能力 ★★★★★　邏輯 ★★★★★

這個問題雖然簡單，但可能有很多人摸不著頭緒，不知如何思考。如何處理這個令人迷惑的問題呢？現在我們就來一起思考。

大家小時候應該都有把展開圖做成正方體（骰子形狀）的經驗吧！不過，當時用的展開圖應該是像圖 3-18 那種 6 面圖吧？

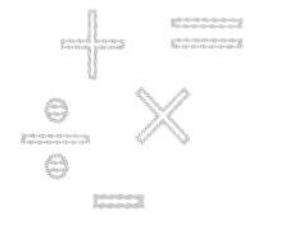

圖 3-18 骰子的展開圖

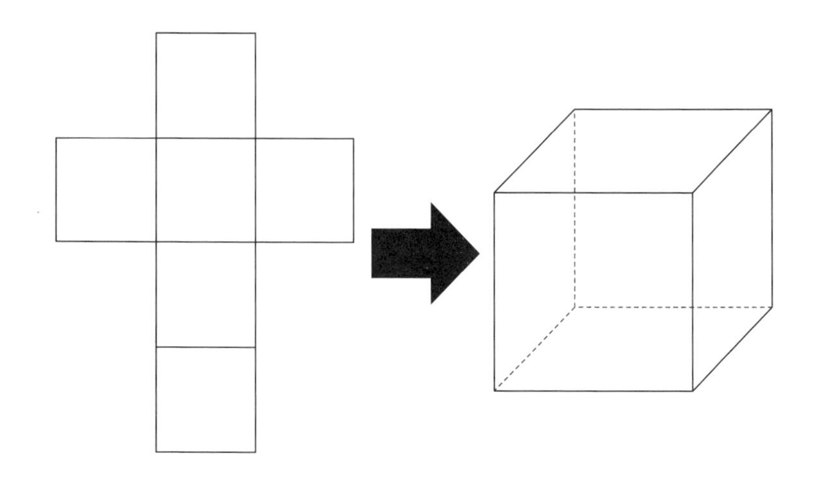

正方體本身有 6 面，它的展開圖理應也是 6 面，但這題要用的是在一直線上的 7 面圖。**用 7 個面做一般的 6 面骰子，就是這題最大的重點**。

從6面骰子反推

遇到從未見過的難題時，**從答案逆向思考也是方法之一**。

所以，我們先試著展開 6 面骰子。展開圖可分為以下 11 種。

圖 3-19 從正方體的展開圖開始思考

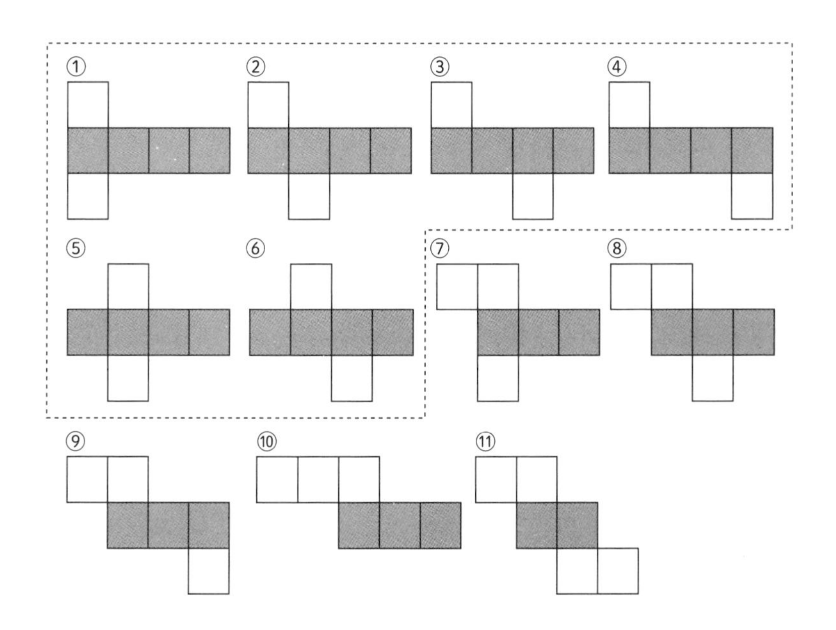

如果你實際做做看，會比較有具體感。所以，請一定要在這 11 張圖中選一種，動手製作 6 面骰子。

另外，這題雖然禁用剪刀，但沒有其他限制。我出差授課時經常出這一題，而每個學員都一味埋頭苦幹，什麼都不多看，默默解題。能解決的話還好，有些人解不開就放棄，還會說：「數學（算術）這種東西真討厭！」

可是，**這並不是考試**。遇到不懂的問題，可以問人，也可以上網搜尋。

數學問題通常不會規定「必須在沒有提示的情況下默默解

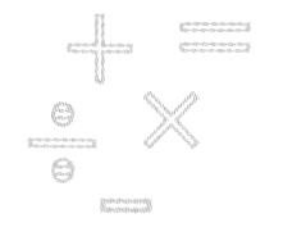

決」。遇到不會的問題，不管是數學家或學校的老師，都會去查資料或請教別人。所以，能用的提示就盡量用吧！

將4個面排在一直線上，製作展開圖

現在回到這題。從圖 3-19 可發現，**如果所有的面一字排開，無法做出正方體**。此外，這 11 種骰子製作圖中，**有 6 種是 4 個面排在一直線上（另 2 個面在直線之外），這是其中最多的一種型式**。

所以，我們也以這種 4 個面排在一直線（另 2 個面在直線之外）的型式為標準，**從這題的展開圖來思考如何做出這種型式**。

沿對角線折，改變展開圖的形狀

之前也說過，這題除了禁用剪刀之外，沒有其他限制。於是，我想到可以試試用「折」的方式。

但如果用平常的折法，無法做出「4 個面排在一直線上，另 2 個面在直線之外」的型式。

在此，必須經過各種嘗試錯誤的過程。如果過程中我們能發現，要將 2 個面安排在直線之外，**不能沿直線折，而要沿對角線折**，那就太好了。

如圖 3-20，把左邊第 2 個面沿對角線向上折，右邊第 2 個面沿對角線向下折。

圖 3-20 折展開圖①

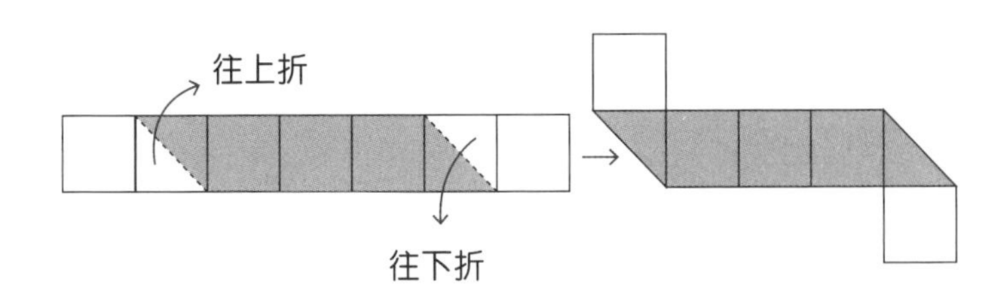

圖 3-20 的灰色部分顯示，有 3 個完整的面加上 2 個半面，總共 4 個面在一直線上，而直線外有 2 個面。

圖 3-21 折展開圖②

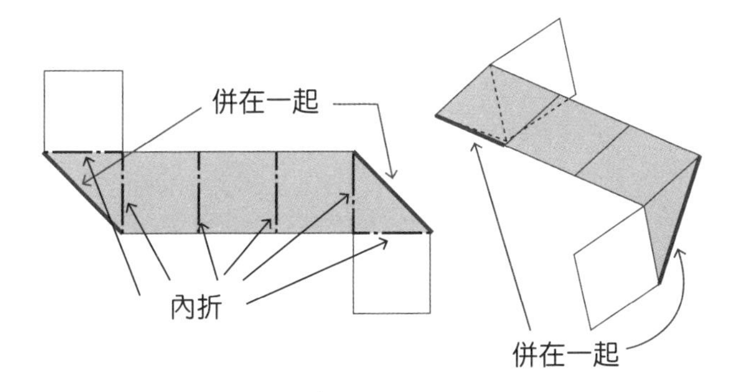

接著，**如圖 3-21 所示，沿虛線向內折，做出折痕，然後把沿對角線折的部分併在一起**。

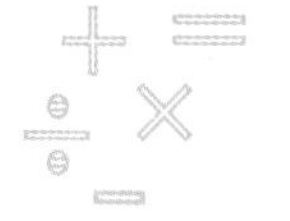

圖 3-22 骰子完成

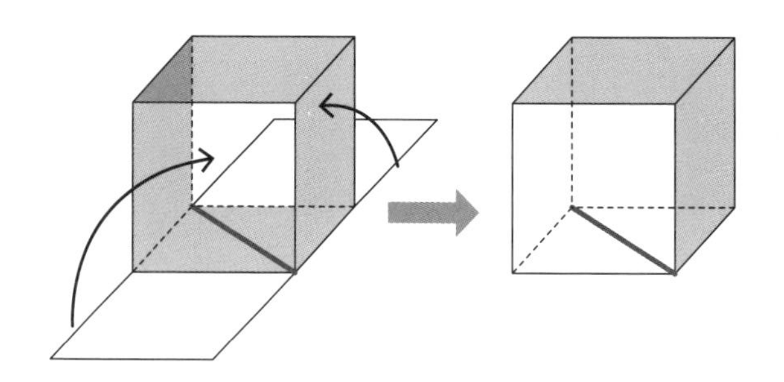

最後把前後兩面折好，正方體就完成了。

遇到**這種技巧性的問題，有兩件事很重要：仔細確認問題的條件，並對一般視為理所當然的做法保持懷疑**。

本章已經解決了各種不同類型的謎題。你覺得怎麼樣呢？

多數益智謎題需要創意能力才能解答。即使問題乍看之下很難，但用數學的思考方式，靈機一動解開謎題，一定會讓人很開心吧！

第4章

改變世界的偉大數學家

我們在日常生活中使用的數學理論與思考方式，是偉大的數學家所發現，進而發展而成的。

本章將介紹5位在數學界流芳百世的偉大人物，我會說明他們有哪些理論與思維，在我們現在的生活中仍被廣泛應用，也會介紹他們與眾不同的才能與小故事。

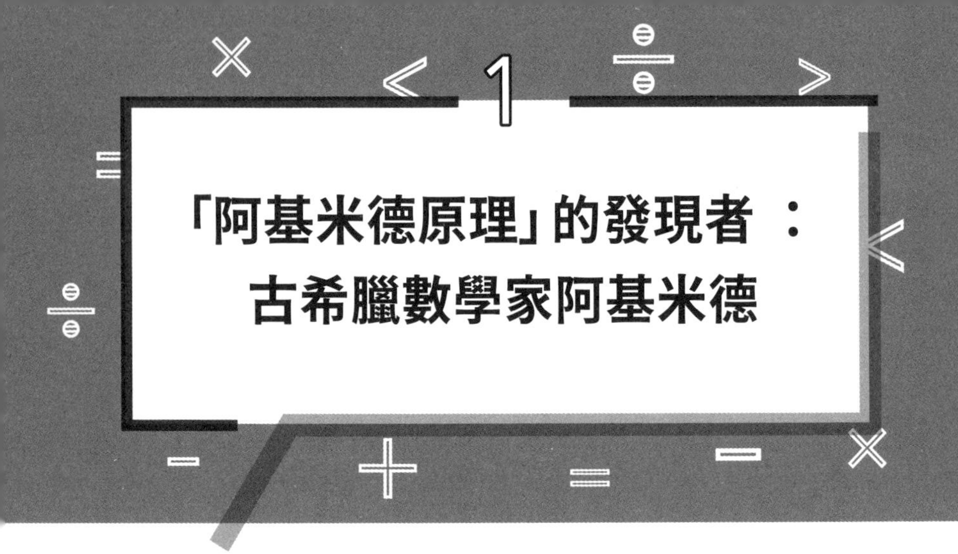

1 「阿基米德原理」的發現者：古希臘數學家阿基米德

因為諾貝爾獎並未設立數學獎，所以數學界的最高榮譽獎項是費爾茲獎，以「數學界的諾貝爾獎」而知名。

諾貝爾獎沒有年齡限制，每年都會公布得獎者；而費爾茲獎的得獎條件是 40 歲以下，每 4 年一次在國際數學家大會（International Congress of Mathematicia）公布得獎者。

費爾茲獎是有名的高難度獎項，日本目前有小平邦彥（1954 年）、廣中平祐（1970 年）、森重文（1990 年）3 人得過獎。

費爾茲獎授予得主獎章，獎章上所刻人物就是我們這次要討論的阿基米德（Archimedes，約西元前 287 年～西元前 212 年）。阿基米德是古希臘數學家與物理學家，與之後會介紹的艾薩克．牛頓（Isaac Newton，請見 140 頁）、卡爾．弗里德里希．高斯（Carolus Fridericus Gauss，請見 153 頁）並稱為「世界三大數學家」。

阿基米德

阿基米德透過實驗與觀察來實現自己的構

想，經過 2000 多年，他的眾多貢獻依然留存於世。現在就來看看他有哪些豐功偉業吧！

「阿基米德原理」的小故事

提起阿基米德，就會立刻想到他是舉世聞名的「**阿基米德原理**」（Archimedes' principle）發現者。該原理指出「**水中的物體 A 所受浮力＝與物體 A 同體積的水的重量**」。

光看這個說明，可能有人還是不太懂。那麼，我來說一個黃金王冠的故事，幫助理解「阿基米德原理」。

敘拉古（Siracusa）國王希倫二世（Hierōn II）交給金匠一個純金金塊，命令他鑄造一頂純金王冠。王冠製作完成後，閃耀著美麗的光芒，希倫二世看了非常滿意。

不過，不知從何處傳來謠言：希倫二世的王冠摻了銀，一部分純金被金匠私吞了。

希倫二世心中起疑，召來阿基米德，命令他**鑑定王冠是否純金，但不能用破壞或熔化的方式**。

為了不辜負希倫二世的期待，阿基米德反覆嘗試，研究檢驗王冠材質的方法。不過，雖然終日苦思，也試了各式各樣的方法，但仍不得其解。

某天，**他上澡堂泡澡解悶，就此產生一個改變歷史的想法**。

他走進一個裝滿水的無人浴池，當然，熱水就從浴池裡溢出來了。阿基米德看到水溢出的那一刻，就像被雷擊中一樣——他發現了一個事實！

把物體放入水中時，與物體同等重量的水會被排開。就像熱水從浴池溢出，被物體重量所排開的那些分量的水，會給予物體向上浮的作用力。

這個發現正是「**阿基米德原理**」。

金、銀體積相同時，重量不同

事後，阿基米德用在澡堂發現的原理，想出一個分辨王冠是否純金的方法。這個方法利用了「即使體積相同，物體重量也會因材質不同而有差異」的性質，所以我先從這點開始說明。

金和銀即使體積相同，重量也不會相同。

我用具體數字來說明。**金、銀體積都是 10 立方公分時，金的重量是 193 克，銀的重量是 105 克**；金的重量比銀重。

圖 4-1 同體積時，金比銀重

所以，金、銀重量相同時（假設都是 193 克），體積應該也不會相同。本例中，金的重量不變（193 克），所以體積仍是 10 立方公分。銀的體積為 10 立方公分時，重量是 105 克；若重量變成 193 克，體積就會增加，如以下算式，：

$$10 \times \frac{193}{105} \doteqdot 18.38\text{cm}^3$$

銀 193 克時，體積是 18.38 立方公分，比金大。因為金、銀等重時，銀的體積會比較大。也就是說，即使重量相同，體積也會因材質不同而有差異。阿基米德運用這項性質與「阿基米德原理」，檢驗王冠是否混入銀。

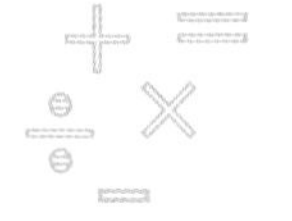

從溢出的水量識破王冠的真面目

首先，阿基米德準備了與王冠等重的純金金塊。為了證實等重，他還將王冠和金塊放在天平的兩端，檢查是否平衡。

然後，他把王冠和金塊放進裝滿水的容器中，測量溢出的水量。如果王冠是純金的，即使它的形狀跟金塊不同，體積仍然會相等，所以溢出的水量也會相等。

但如果王冠混了銀，即使重量和金塊相同，體積也會比金塊大。

體積比較大，表示溢出的水量也會比較多。

阿基米德**把王冠和金塊分別放進水盆，結果，王冠溢出的水量比金塊多**。這證實了**王冠並非純金，而是金銀的混合物**。

圖 4-2 活用「阿基米德原理」的實驗

王冠溢出的水量比金塊多

「阿基米德原理」沿用至今

阿基米德發現的浮力原理，我們至今還在使用。

我之前工作的海上自衛隊備有大型艦艇，有些大噸位艦艇全長比東京都廳大樓的高度（243 公尺）還長。**測量這類大型艦艇的重量時，也是用「阿基米德原理」**。

依據「阿基米德原理」，艦艇浮在海面時，會有與入水艦艇等重的水被排開；被排開的水量稱為「排水量」，測量排水量即可知艦艇的重量。

艦艇是沉重的鐵塊，卻不會沉沒，也是應用了阿基米德原理。

要讓艦艇浮在水面，必須增加浮力。要增加浮力，依據「阿基米德原理」，艦艇的構造必須能排開大量的水，所以才會把艦艇在水面下的體積設計得比較大。

運用「槓桿原理」與滑輪，在布匿戰爭中大顯身手

阿基米德的偉大功績不是只有發現「阿基米德原理」而已。

西元前 2 世紀，義大利發生布匿戰爭（Bella Punica，古羅馬和迦太基之間的 3 次戰爭，最後古羅馬攻滅迦太基），歐洲許多國家參戰，戰爭持續良久。**為打贏布匿戰爭，阿基米德運用他所發明的「槓桿原理」（Principle of Lever），並研究滑輪，設計出各種武器與工具**。

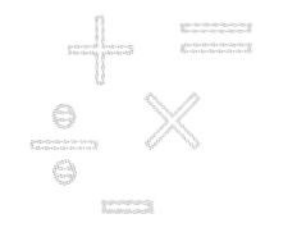

「槓桿原理」就是**把一根棍子壓在支點上，在棍子的一端（施力點，Effort）稍加施力，就能輕鬆移動另一端（抗力點，Load）的重物**（請見圖 4-3）。想舉起重物時，要加長施力點到支點的距離，縮短支點到抗力點的距離。

如圖示，將支點移到靠近 100 公斤的那一方，就能用 25 公斤以下的力量移動 100 公斤的重物。

圖 4-3 槓桿原理

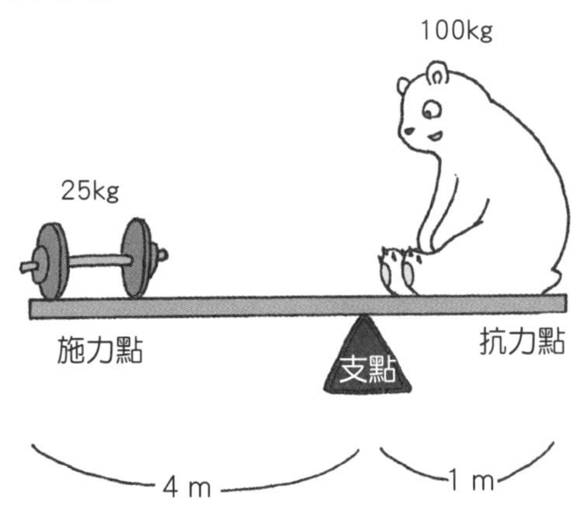

我們在日常生活中也經常用到「槓桿原理」，剪刀、鉗子、易開罐拉環等都是依據「槓桿原理」設計的工具（請見圖 4-4）。

圖 4-4 應用槓桿原理的工具

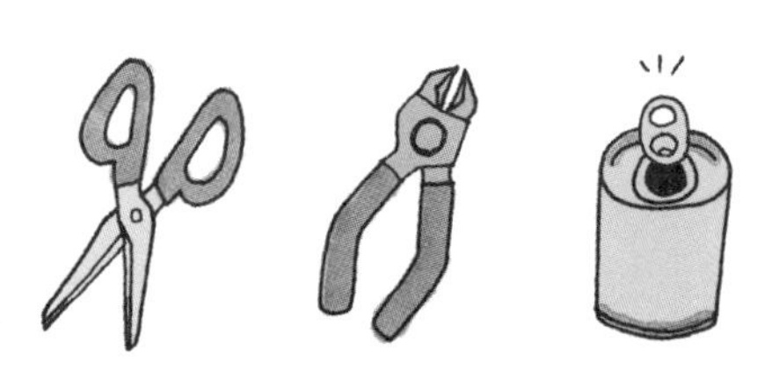

接著我們來談滑輪。使用滑輪，就能用微小的力量舉起重物。

滑輪有兩種類型，一種是位置固定不動的**定滑輪**（Fixed Pulley），一種是可移動的**動滑輪**（Movable Pulley）。

我們以舉 30 公斤的砝碼為例，比較兩者的差別。

定滑輪如圖 4-5 所示，滑輪是固定的。**滑輪不動，而要舉起 30 公斤的砝碼，就需要 30 公斤的力量**。

圖 4-5 定滑輪

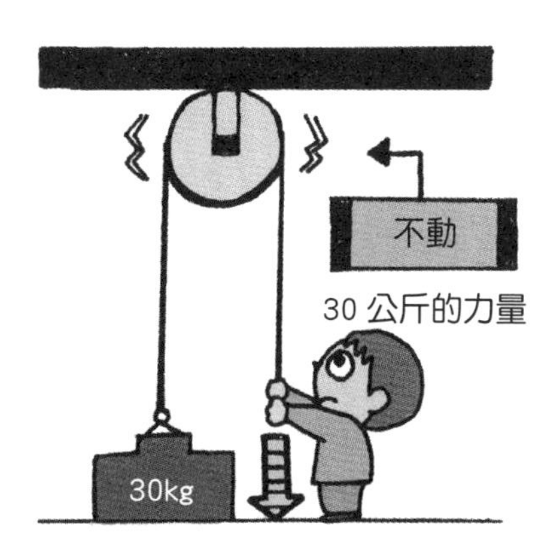

動滑輪如圖 4-6 所示，無法固定。所以，30 公斤的砝碼由人和平台各分擔 15 公斤，**人只要用舉 15 公斤砝碼的力量就能舉起 30 公斤砝碼**。

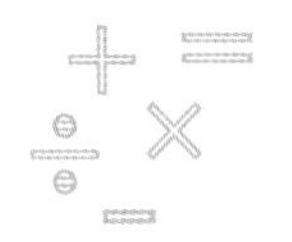

圖 4-6 動滑輪

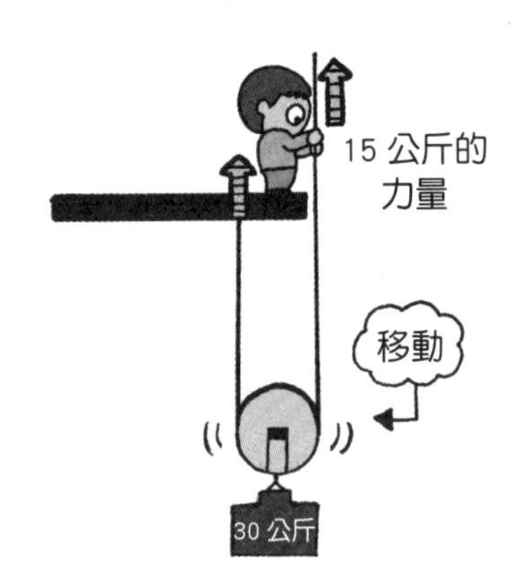

因此，**比起定滑輪，動滑輪移動物品時所需力量較少**。不過，圖 4-6 不太符合現實，因為，在那個位置用動滑輪吊起物品的情況相當有限。所以，我們把定滑輪和動滑輪用圖 4-7 的方式組合起來，30 公斤的砝碼各由兩個滑輪分擔 15 公斤，也能解決位置的問題。

圖 4-7 定滑輪與動滑輪的組合

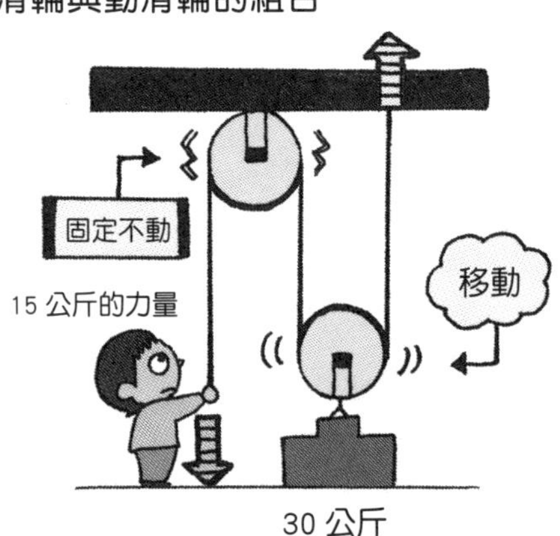

圖 4-8 是增加定滑輪與動滑輪數量的組合。其中有 3 個動滑輪 A、B、C，與 3 個定滑輪 P、Q、R。組合之後，30 公斤的砝碼由 3 個動滑輪各分擔 10 公斤；再來，動滑輪 A 所負荷的 10 公斤由定滑輪 P、Q 各分擔 5 公斤。結果，**30 公斤的砝碼只用 $\frac{1}{6}$ 的力量（5 公斤）就能舉起**。

圖 4-8 定滑輪與動滑輪的複數組合

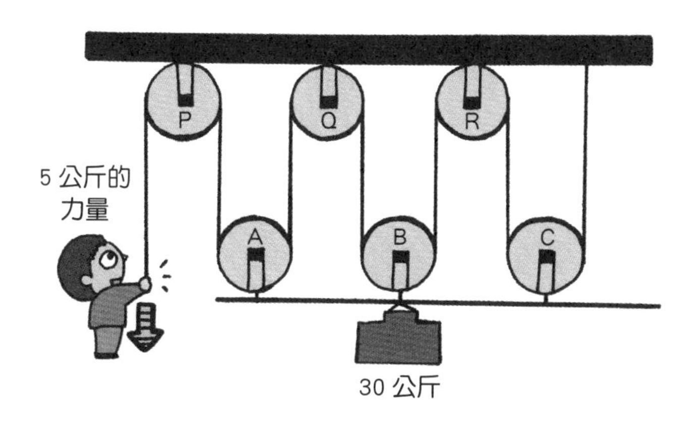

「給我一個支點，我就能搬動地球」

阿基米德運用「槓桿原理」與滑輪裝置讓軍艦下水。從前有一種戰略思想稱為「大艦巨砲主義」，顧名思義就是軍艦愈大，對戰爭愈有利。但阿基米德遇過軍艦造得太大，集數十人之力都推不動，因而無法下水的狀況。

他輕而易舉的解決了這個問題，運用「槓桿原理」，並開發滑輪組合裝置。於是，原本數十人用力推都不動如山的軍艦，只需單人操作就能下水。

阿基米德的名言「給我一個支點，我就能搬動地球」，據說就是在此時產生的。

此外，他還運用滑輪結構發明了一種巨型武器——起重機般的大鐵鉤，被稱為「阿基米德之爪」（Claw of Archimedes）。他用這個大鐵鉤吊起敵國羅馬的戰艦，將其翻覆，戰績斐然。

阿基米德發明的這些武器，把羅馬大軍搞得天翻地覆。

阿基米德被稱為「世界三大數學家」，是因為他跟其他數學家不同；他透過實驗與觀察，使數學在實務現場發揮作用。

上述「阿基米德之爪」至今仍是起重機舉重物的裝置。他所發現的原理依然被應用在我們現在的日常生活中。

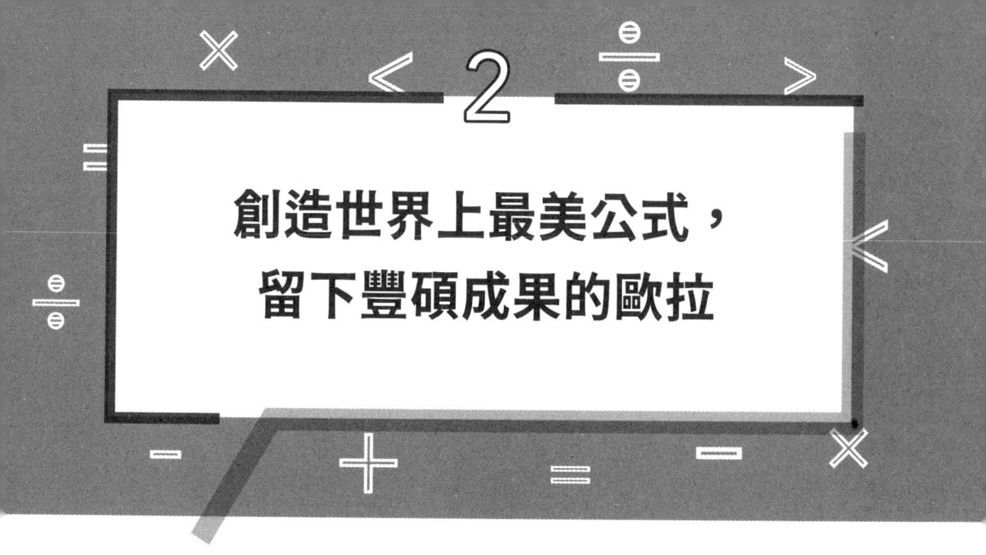

2 創造世界上最美公式，留下豐碩成果的歐拉

大家對「第一」這個詞是不是特別有感覺？

數學界留下最多「第一」的人，就是歐拉（Leonhard Euler，1707 年～ 1783 年）。論文的數量與分量是評價數學家的指標之一，而無論哪一種，歐拉絕對都是「第一」。他撰寫的論文頁數高達 5 萬頁。

與「世界三大數學家」阿基米德、牛頓及高斯相比，我們可能比較少聽到他的名字，但他的成就遍布我們周遭。所以，他與「世界三大數學家」之一的高斯並稱為「數學界兩大巨人」。

歐拉

創造世界上最美公式

歐拉創造的世界上最美公式又名「歐拉恆等式」（Euler's Identity）。公式如下：

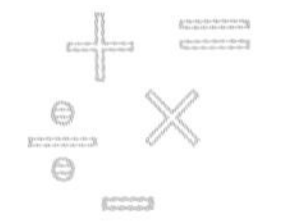

〔世界上最美公式〕

$$e^{i\pi} + 1 = 0$$

這個等式表示，指數為 i、π 相乘的 e，加上 1 之後一定會等於 0。重點在於，它將乍看之下無關的 e、i、π 連結起來。

數學主要有以下幾種領域：研究圖形性質的幾何學、研究方程式解法的代數學，以及研究函數極限與微分、積分的數學分析（Mathematical Analysis）。

這個等式包含了幾何學使用的圓周率 π 、代數學使用的虛數單位 i，以及數學分析使用的納皮爾常數（Napier's Constant）e。**用一個等式就把 e、i、π、1 簡潔的串連在一起，因此被譽為世界上最美公式**。

i 是虛數，是歐拉發明的符號（稍後會詳細說明）。π 則是大家所知道的圓周率 3.1415926535……是無限小數。

e 是納皮爾常數，也叫做「自然對數的底數」，是 2.718281828……跟圓周率 π 一樣是無限小數，用於簡化微分、積分的計算。e 與 π 都是因歐拉的推廣普及而知名。

歐拉恆等式因為它的優美，而被數學家公認為是偉大的公式。

世界第2美公式也是歐拉發現的

第 2 美公式的知名度雖不如最美公式，但也是歐拉發現的，那就是「**歐拉多面體公式**」。

「歐拉多面體公式」說明了多面體的頂點、邊與面在數字上的關係。

〔歐拉多面體公式〕

（頂點數）－（邊數）＋（面數）＝ 2

歐拉多面體公式不只適用於正六面體（骰子形狀），只要是多面體，頂點數減去邊數後，加上面數，一定會等於「2」；任何多邊形經計算後，答案都會是「2」，這就是它被認為優美之處。

多面體聽起來好像很難，所以我舉身邊常見的骰子為例，骰子就是正六面體。

圖 4-9 正六面體

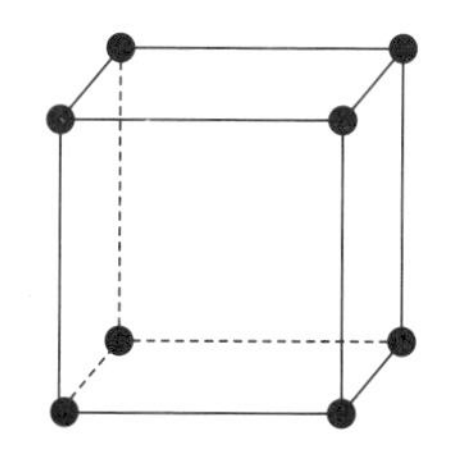

骰子有 8 個頂點，12 個邊，6 個面，套用「歐拉多面體公式」，就是 $8 - 12 + 6 = 2$。

「歐拉多面體公式」可能是因為在考試中經常出現，有個好記的口訣：

「**線要畫在本子上**※2」這個口訣是原本公式的變形，來自把「邊」想像成「線」。想出這種口訣也真是用心良苦。那麼，我們就用這個公式來解解看更複雜的圖形問題吧！

問題

圖 4-11 是正二十面體，請問邊數是多少？

圖 4-10 正二十面體①

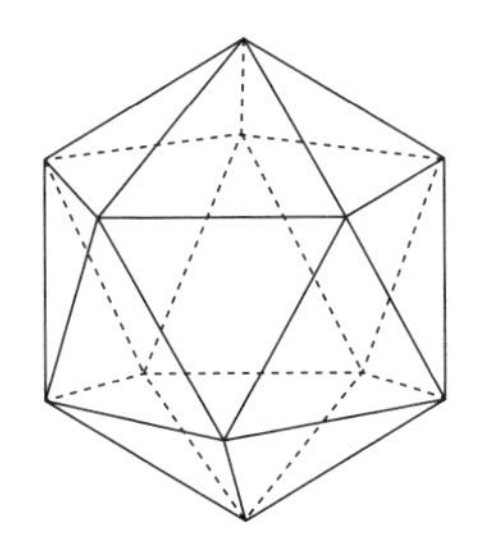

一邊看圖，一邊數有幾個邊，是不是讓你眼花撩亂呢？因為是正二十面體，有 20 個面；頂點數則如圖 4-11，最高點 1 個，最低點 1 個，加上中間灰色部分的兩個正五邊形，所以總計有

※2 譯注：亦即把公式想成「（線）＝（頂）＋（面）－2」。「線要畫在本子上」的日文是「線は帳面に引け」。日文的「帳面」是「本子」的意思，而「帳」的念法和「頂」相同；「引け」則有「減」、「畫線」等意思。這是一個諧音、諧義的口訣。

（邊數）＝（頂點數）＋（面數）－2

「線は帳面に引け」

1 ＋ 1 ＋ 5×2 ＝ 12 個（請見圖 4-11）。

圖 4-11 正二十面體②

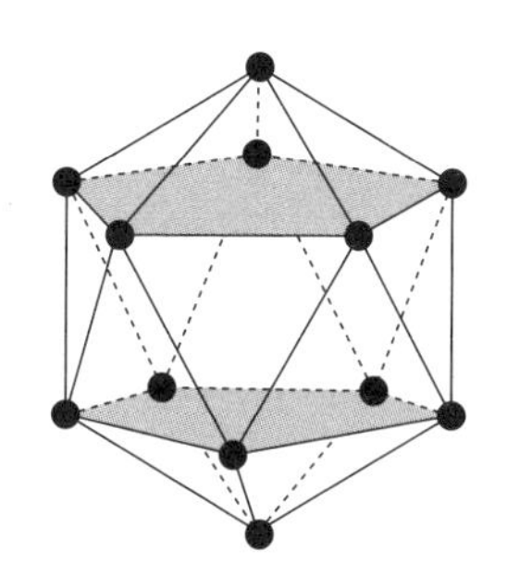

套用公式，即得以下結果：

（邊數）＝（頂點數）＋（面數）－ 2
＝ 12 ＋ 20 － 2 ＝ 30

用這個公式是不是比一個一個數簡單多了呢？最重要的是，用世界第 2 美的等式解開問題，心中是不是有點雀躍的感覺呢？

引進與推廣多種數學符號

歐拉對數學符號的引進與普及也相當有貢獻。

例如，他用 i（Imaginary Number，虛數）來表示 $\sqrt{-1}$。$\sqrt{\ }$ 稱為「根號」，是求「平方根」的符號。平方即 2 次方，是同

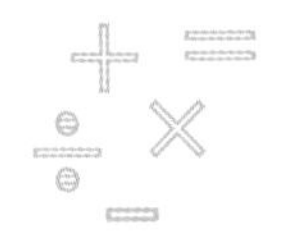

樣的數相乘 2 次的意思，所以平方根就是 2 次方根。也就是說，平方之後，根號就會去除。

只不過，**現實中不存在 $\sqrt{-1}$ 這個數**，因為沒有任何數字平方後會是 -1；但歐拉是在形式上以 i 表示 $\sqrt{-1}$，前述世上最美公式也使用了這個 i。

現在大家以 π 做為圓周率的符號，以 a、b、c 表示三角形的邊長，以 A、B、C 表示三角形的角度，也都是歐拉推廣的結果。由歐拉普及化的還有數列中出現的 Σ 符號（文組學生可能對此有心理創傷）。

圖 4-12 由歐拉普及的三角形符號

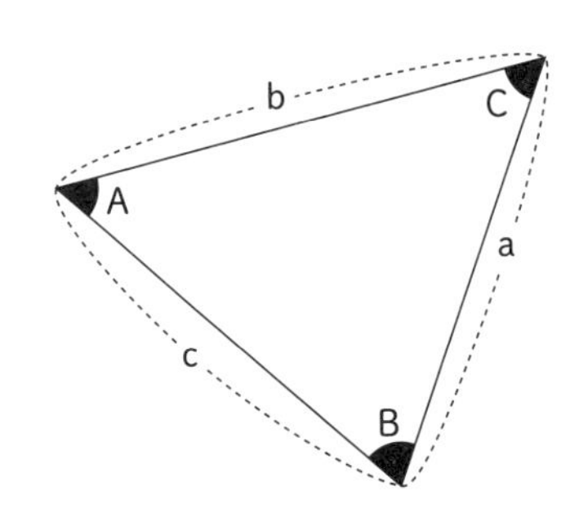

1年就寫出其他數學家一生的論文量

歐拉洋溢的數學才華也表現在論文數量上。

據說歐拉是世界上寫最多論文的人物。從他成為數學家開始，到他辭世的 1783 年為止，幾十年來，他每年平均寫出 800 頁論文。

800 頁是其他數學家一輩子所寫的量。

因為他運筆如飛，有傳聞指出，他最快在 30 分鐘內就能寫出一篇短論文。

1911 年起，有人開始計畫要蒐集、出版歐拉所寫的 5 萬頁論文。經過 110 多年，現已出版超過 70 冊，但仍未竟全功。雖然超過了 110 年，歐拉的成果仍無法全部發表。因此，有時我們以為是其他數學家發現的定理，其實是歐拉先發現的，只是事後才真相大白。或許，今後還能再發現歐拉的偉大新成就。

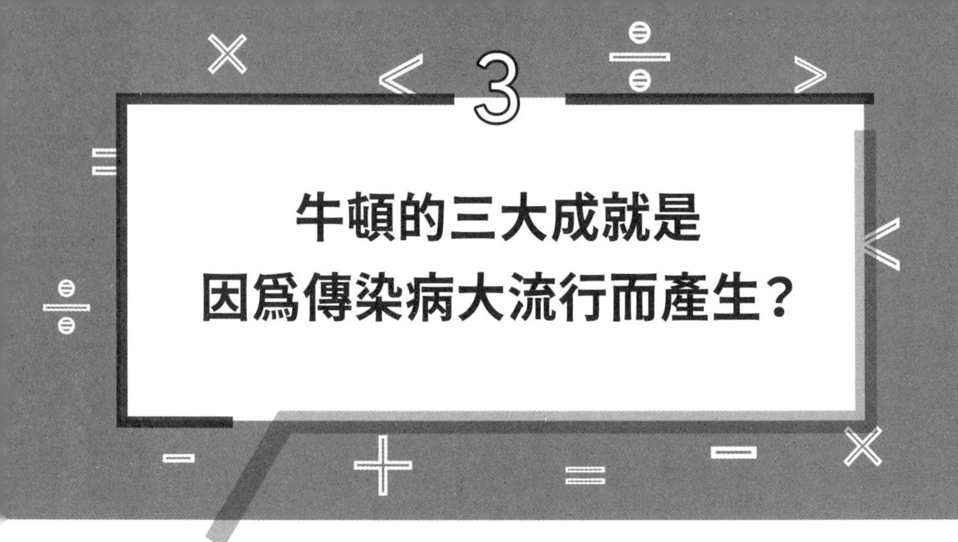

3 牛頓的三大成就是因爲傳染病大流行而產生？

雖然有點冒失，但我想問大家一個問題。

長度的單位有公分、公尺，重量的單位有公克、公斤，那麼，力的單位是什麼？

答案是「**牛頓**」（Newton，簡稱 N）。

力的單位是以艾薩克．牛頓（1643 ～ 1727 年）的名字命名。他是英國的天才數學家，也是物理學家與天文學家。

不只在數學界，在自然科學的廣泛領域，他也以輝煌成就聞名於世。大家應該都聽過他的名字吧？

牛頓

他最著名的 3 項發現是「萬有引力定律」、「微積分」（有一說是由德國哲學家萊布尼茲〔Gottfried Wilhelm Leibniz〕發現）及「光學分析」，被譽為牛頓的三大成就。

至於牛頓被稱為天才，他究竟有何厲害之處呢？我從他的三大成就來為大家一一剖析。

以敏銳的觀察角度發現「萬有引力定律」

三大成就中的第 1 項是「萬有引力定律」。

提起牛頓，應該有很多人會想到蘋果的故事。據說他是因為看到蘋果從樹上掉下來，發現地球存在使蘋果掉落的力量，從而發現「萬有引力定律」。

但我覺得，雖然大部分人知道這個故事，但很少人能正確理解這項定律的本質。

「萬有引力定律」指物體與物體之間相互吸引的作用力的法則。蘋果與地球之間的吸引力是指重力，但這並非萬有引力的重點。

萬有引力的重點是「蘋果與地球之間的吸引力」和「月球與地球之間的吸引力」是依循相同的法則運作。也就是說，牛頓發現，蘋果掉落的力量、物體上拋時落下的力量、天體圍繞地球旋轉的力量，都遵循相同的法則。

牛頓發現「萬有引力定律」的偉大之處，在於其敏銳的觀點。水往低處流，物體當然也是由高處落向低處，所以根本不會有人去注意這件事，為它傷腦筋，更遑論去思考個中緣由。

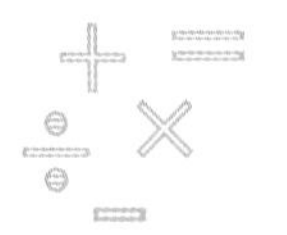

但是牛頓對蘋果掉落地面感到疑惑，更進一步對月球為何不會墜落地面產生疑問。如果你試著去想一想，一定也會覺得不可思議：月球是因為擁有特殊的力量，所以才浮在空中嗎？

牛頓用「萬有引力定律」回答了這個問題：

「月球不是不墜落，而是持續不停的墜落。」

這是什麼意思呢？

月球是依據「萬有引力定律」向地球墜落，但因為運行速度非常快，所以落下的角度極為平緩。

想像一下投球的情況，應該會比較容易了解。比起慢速投球，快速投球時，球會以比較緩和的角度落地。

再加上地球不是平面，而是球形；所以雖然月球緩慢持續的墜落，但始終不會掉到地球上。

月球正以現在進行式繼續向地球墜落，從結果來看，就是月球繞著地球周圍運轉。牛頓發現了這一點，甚至建立起理論，對於他敏銳的觀察角度，我只有佩服。

圖 4-13 月球不會掉落地面的理由

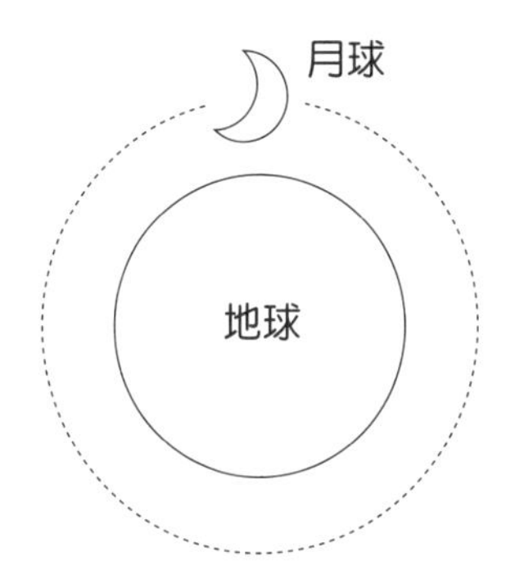

月球依據「萬有引力定律」持續向地球墜落，但不會掉落地面，地球是球形也是原因之一。

牛頓創立的「微積分」也用在電腦上

三大成就中的第 2 項是「**微積分**」。

擅長數學的牛頓**為了「萬有引力定律」等理論的計算，將歷代數學家研究許久的技巧系統化，創建微積分基本定理，確實劃分出微積分學這門學科**。高中時我們學到積分是微分的逆運算，這個事實是由牛頓明確指出的。

數學不好的人可能光看到「微積分」這 3 個字就心生排斥。

簡而言之，**微積分可說是一種非常有效率的計算方法，它能將複雜、繁瑣的算式統一計算**。

如果要你做 1 億個數字的加、減法，你一定會很頭痛吧！就算用電子計算機，也要花許多時間。

如果計算 1 次需要 1 秒，計算 1 億個數字大概需要 3 年以上，還可能會按錯鍵。如果你以為用計算機就能輕鬆解決任何計算問題，那只是你一廂情願的想法，因為計算機只能處理簡單的問題。

當然，電腦就可以幫我們快速輕鬆的計算。因為電腦裝置了運用微積分的系統，所以能進行高效率的計算。

回到原來的話題，**微分是應用減法和除法的計算方法，它可以輕鬆求出增加或減少**。

積分則是應用加法和乘法的計算方法，用於各種聚集、累積的計算。兩者的關係如圖 4-14。

圖 4-14　四則運算與微分、積分的關係

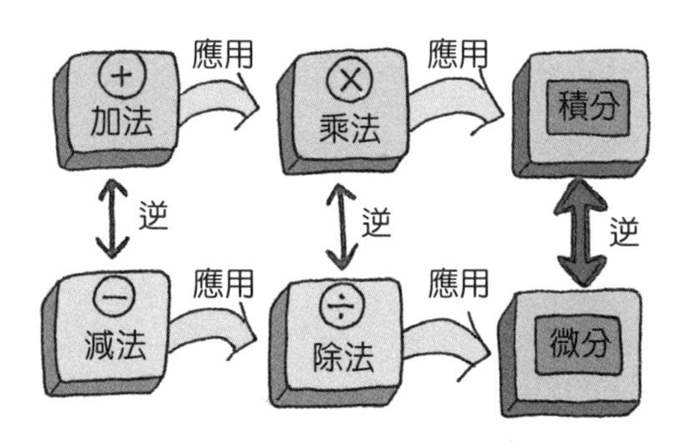

數學史上，微分和積分是分開研究的。在牛頓確立微分與積分的關係之前，這**兩種計算方法並無關聯**。

當時有計算微分的公式，但沒有計算積分的公式，只得一個一個做複雜的計算。

直到牛頓指出微分與積分是相反的關係，我們才知道，只要做微分的逆運算，就可以求得積分。因此，我們得以建立積分的公式，計算難度大幅降低。

如果不知道積分是微分的逆運算，再簡單的問題都得花費幾分鐘；知道的話，就可以立刻算出來。這個發現就是這麼偉大。

用微積分所做的高效率計算，在現代各個領域大大發揮作用。

其中最具代表性的就是 AI。AI 是電腦經由複雜難解的計算而形成；因為微積分提高了複雜計算的效率，AI 才得以實現。

聲音辨識、語音輸入、社群網站的自動 tag 等人臉識別功能、DeepL 公司提供的機械翻譯……現在我們的生活因為 AI 而更加便利，說是拜牛頓之賜，並非誇大其詞。

此外，微積分也應用於經濟資料分析、火箭軌道計算等現代社會科學的廣泛領域。

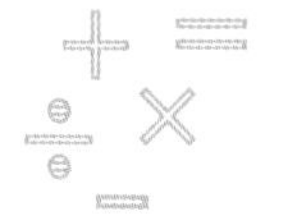

懷疑理所當然的事，進行「光學分析」

牛頓三大成就的最後 1 項是「光學分析」。

提起太陽光的顏色，你想到的可能是白色或橙色；但牛頓設想，太陽光不是只有 1 種顏色，而是各種顏色混在一起，才使它看起來像是白色。

他用以下實驗證實他的想法。

首先，他在黑暗的房間內把窗戶開一個小孔，並準備一個用來折射光線的稜鏡，把稜鏡放在從窗戶射入的陽光下。

然後，他看到陽光在通過稜鏡前是白色，但通過稜鏡後，就被分解為紅、紫、黃等顏色。

圖 4-15 光學分析

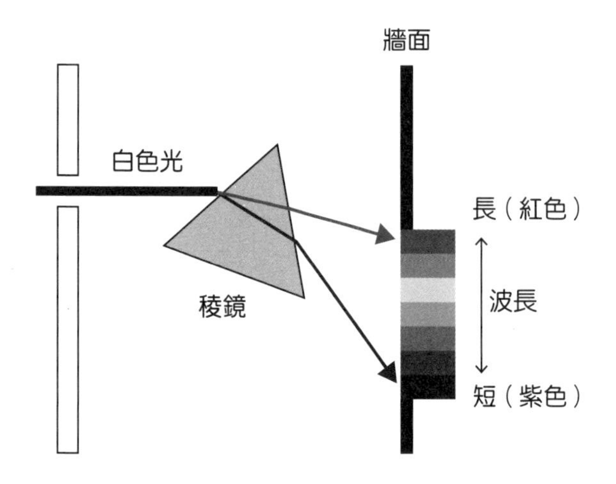

這表示陽光不是由白色單色組成，而是各種不同顏色的光混在一起，才形成白色。

為了方便起見，牛頓將稜鏡發散的顏色分為「紅、橙、黃、綠、藍、靛、紫」，這7種顏色稱為「彩虹色」。

太陽光的顏色就跟萬有引力一樣，日常生活中幾乎不會有人注意。可以說，「光學分析」也是因為牛頓擁有超越常人的觀察角度，才得以達成。

傳染病讓牛頓的才華開花結果

以上我說明了牛頓三大成就：萬有引力定律、微積分及光學分析。現在，你應該知道他的偉大之處了吧！

如果當時沒發生史上最致命的傳染病──「鼠疫」，牛頓的三大成就或許就不會出現了。

中世紀歐洲多次爆發鼠疫，患者的皮膚會變黑，隨即死亡，所以鼠疫又名「黑死病」，是令人聞之色變的傳染病。

1665年，牛頓就讀英國劍橋大學。當時倫敦大規模爆發黑死病，1年間造成7萬5000人死亡。所以，大學關閉了，牛頓決定回到老家。

回家後，牛頓突然得空，便把那段可自由運用的時間拿來做研究。在黑死病感染擴大的兩年間，他完成了名垂青史的三大成就。

前述「萬有引力定律」也是在這個時期發現的。

某天，牛頓因長時間埋首研究，腦袋疲憊不堪。他走出門外，想讓腦子休息一下，結果看到蘋果從眼前的樹上掉下來。

如果他沒有利用假期在家鄉投入研究，這三大成就或許就不會產生。

黑死病為世界帶來痛苦，但也為牛頓的三大成就助一臂之力。在黑死病感染擴大時期，其他科學家也有重大發現。因此，這個時期也被稱為「創造性的假期」（Creative vacation）、「奇蹟年」（Year of Wonders）。

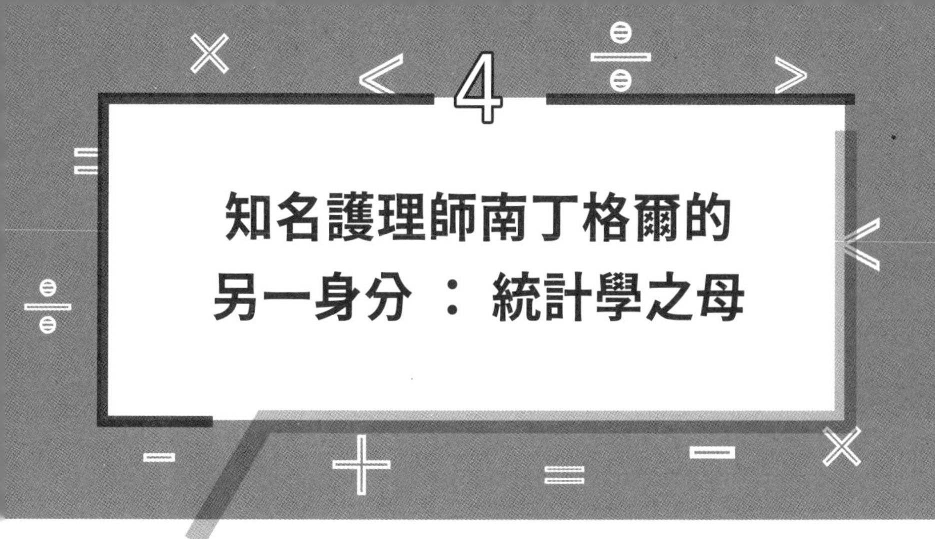

4 知名護理師南丁格爾的另一身分：統計學之母

「從外面回來要洗手」、「咳嗽時要用手掩嘴」、「預防感染症要保持空氣流通」等衛生觀念，已成為現代人的常識。

一般認為，這些衛生觀念是在19世紀後半建立的，這在人類史上是相當晚近的事。

用數字建立起現代衛生觀念的人物，就是佛蘿倫絲・南丁格爾（Florence Nightingale，1820～1910年）。

護理師的「白衣天使」形象主要來自南丁格爾，這件事已廣為人知。

但南丁格爾的護理師工作實際上只持續3年左右。她在歷史上留名，是因為她運用統計學，在戰時拯救了無數人的生命。因此，她也被稱為「統計學之母」。她不只是「白衣天使」，也是「白衣統計學家」。

南丁格爾

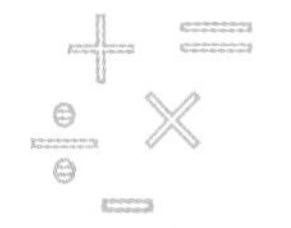

連克里米亞戰爭的野戰醫院也去……

南丁格爾是英國人，生於 1820 年。

當時，護理師的地位跟現在截然不同；護理師被視為污穢、低等的職業。南丁格爾是上層階級的人，當時她那種階級的女性大都未就業，社會普遍認為她們結婚、走入家庭比較好。

在這樣的環境下，克里米亞戰爭（1853 ～ 1856 年）成為南丁格爾以護理師名留青史的契機。這場戰爭中，不斷有士兵因受傷得不到照護而死。當時已是護理師的南丁格爾為此心痛不已，決定自己去幫助他們。

她向當時的軍務大臣席尼 ‧ 赫伯特（Sidney Herbert）請纓，獲得政府的正式邀請，前往克里米亞的野戰醫院。

不過，等待著她的那棟建築物與醫院相去甚遠；屋頂破破爛爛，還會漏雨，地上有老鼠四處遊走，宛如地獄。

南丁格爾與她的團隊想立刻開始實施護理，現地指揮官卻以她們是女性為理由，阻止她們的行動。

運用統計學，大幅降低死亡人數

這種情況下，南丁格爾無法照護士兵，但她注意到一件事。一般人的印象中，戰爭的主要死因是受傷；但在這間野戰醫院，因為霍亂、傷寒等傳染病而死的士兵遠遠多於受傷致死者。因此，她統計士兵的死因，發現其中傳染病的比例特別高。

雖然知道了士兵的死因，南丁格爾還是無法有任何作為。眼看士兵死亡人數日益增加，於是她寫信給赫伯特大臣，表示她與團隊都希望能開始護理工作。後來，赫伯特大臣寫了一封信給野戰醫院，命令醫院讓南丁格爾團隊採取行動。

因為這封信，南丁格爾與 38 名護理師才開始動起來。她們做的第 1 件事就是打掃。為了防止傳染病，她們擦亮地板、清洗床單、讓乾淨的空氣進入室內，整頓衛生環境，並推動澈底洗手。

在南丁格爾團隊到達之前，這間野戰醫院士兵的死亡率是 42%。經過她們全心奉獻照護、改善環境衛生，僅僅半年間，死亡率就急速下降到 5%，最後降到了 2%。

發明「極座標圓餅圖」

回國後，南丁格爾依然發揮強大的行動力。她分析克里米亞戰爭的經驗，建議政府改善野戰醫院的衛生環境與護理組織狀態，也對陸軍士兵問題等提出意見。

南丁格爾分析所用的圖，後來被稱為「極座標圓餅圖」（Polar Area Diagram）。

「極座標圓餅圖」如圖 4-16 所示，類似依時間劃分的圓餅圖。

從她使用的圖，你一眼就能看出野戰醫院士兵的死亡主因是傳染病，而非受傷。這種視覺上的震撼就是「極座標圓餅圖」的最大特徵。

她用「極座標圓餅圖」將公共衛生的重要性「可視化」。當時，用圖來展示，而非列出數字，是相當劃時代的作法。這種作法可以用簡單明瞭的方式，將資料的意義傳達給可能不擅長數字的國會議員與官員。數字的使用大大改善了英國的醫療衛生。

圖 4-16 「極座標圓餅圖」的死亡統計資料

1854年4月～1855年3月

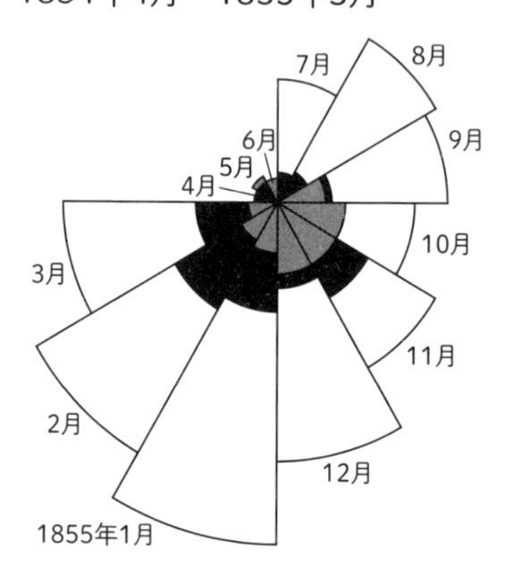

◀ 負傷
◁ 可預防的疾病（傳染病）
◀ 其他

「極座標圓餅圖」按月統計死亡原因。死亡原因中，傳染病多於負傷，在此圖中一目了然。

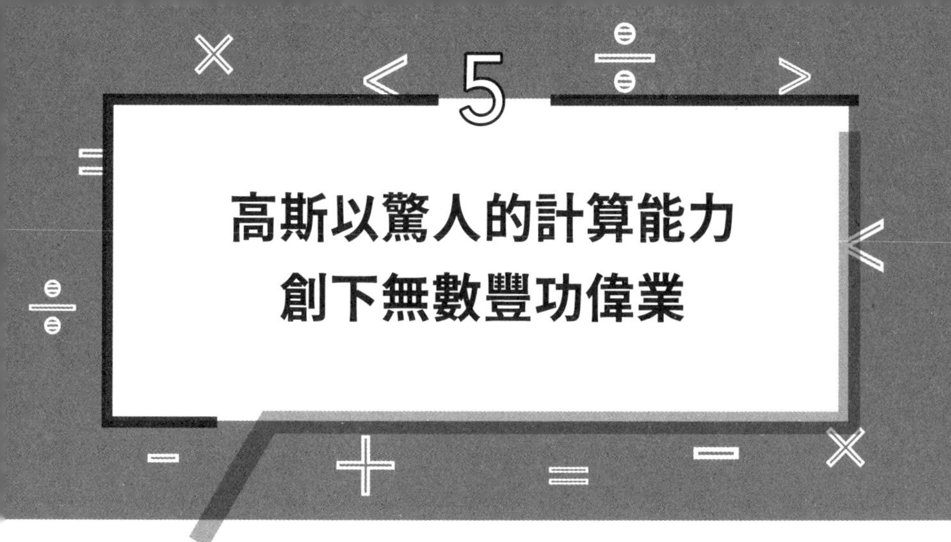

5 高斯以驚人的計算能力創下無數豐功偉業

天才數學家**卡爾・弗里德里希・高斯（1777～1855年）有許多偉大建樹，包括其著作《算術研究》（*Disquisitiones Arithmeticae*）中對整數論（Number Theory）的研究成果、代數基本定理、複數平面（Complex Plane）、常態分配、正十七邊形作圖**，以及所有單位、符號的引進與普及等，不勝枚舉。

尤其**《算術研究》被譽為數學史上最偉大的作品之一**。

因為他的眾多貢獻，過去德國10元馬克紙幣上印的是高斯肖像與常態分配圖。

高斯

高斯10歲時的傳說

關於高斯的數學家才能，有一個著名的小故事。

高斯10歲讀小學時的數學老師布特納（Buttner），個性有點

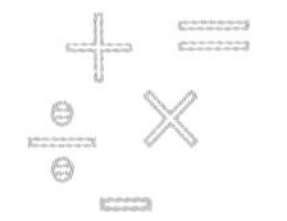

愛刁難人。他某次在課堂提出以下問題。

問題

從 1 到 100 所有數字相加的總和是多少？

1 ＋ 2 ＋ 3 ＋ 4 ＋ 5 ＋ 6 ＋……＋ 98 ＋ 99 ＋ 100 ＝？

布特納老師原以為學生解題要花相當的時間，但沒幾秒鐘，高斯就喊：「算出來了！」

因為速度實在太快，老師暗忖：「他一定還沒解出來。」甚至有點壞心眼的想：「如果他寫錯，我就處罰他。」

不過，**他看了高斯寫的答案「5050」，是正確的**。

當時高斯用以下方法解題，程度之高，完全不像 10 歲小孩：

① 把 1 ～ 100 分為「1 ～ 50」與「51 ～ 100」兩部分。

② 把 51 ～ 100 順序顛倒，寫成算式，即 100 ＋ 99 ＋……＋ 53 ＋ 52 ＋ 51。

③ 把 1 ～ 50 依序寫成算式，即 1 ＋ 2 ＋……＋ 49 ＋ 50，然後在其下列出②的算式，用直式各別相加。

$$
\begin{array}{r}
1 + 2 + 3 + \cdots + 48 + 49 + 50 \\
+)\ 100 + 99 + 98 + \cdots + 53 + 52 + 51 \\
\hline
\underbrace{101 + 101 + 101 + \cdots + 101 + 101 + 101}_{\text{一共有 50 對}}
\end{array}
$$

如以上所示，**每一對相加都是 101。因為總共有 50 對，所以只要 101×50 就可得到答案「5050」**。

實際挑戰看看就知道，**比起一個一個加，高斯的解法顯然快多了**。

關於高斯少年時代計算能力的故事還有很多。不過，一般認為，可能後來有某個作家為了便於讀者理解，把這個 10 歲時的故事簡化了。

根據 1937 年出版的《大數學家》(*Men of mathematics*，E.T. Bell 著，台灣由九章出版)，**高斯所解的其實是更難的等差數列問題；數列第 1 項是 81297，第 2 項比第 1 項多 198，第 3 項又比第 2 項多 198 (每個後項都比前項多 198)，如此累加 100 項**。

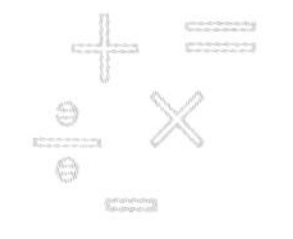

問題

從 81297 開始累加，每個後項都比前項多 198，共 100 個數字，總和是多少？

81297 ＋ 81495 ＋ 81693 ＋……＋ 100899 ＝？

這題比剛才那題難多了吧！順道一提，這題的答案是「9109800」。當然，這件事也可能是作者貝爾虛構的；但如果 10 歲小孩能解這麼難的題目，一定會讓人留下強烈印象。

發現正十七邊形作圖法，這在當時被認為是不可能的事

高斯在 24 歲完成《算術研究》一書。如前述，這本書是數學史上最偉大的作品之一。它匯集了前人對整數性質的研究成果，並加以系統化，是一本集大成的教科書，書中討論的內容稱為整數論。

這本書達成了其他數學家 2000 年來未完成的壯舉：**清楚解說如何用圓規和尺畫出正十七邊形**。

現在日本的教育體系，是在小學時教正三角形的畫法，到了國中，學生就可以畫出正五邊形。這些作圖法都是在古希臘時代發現的。

只是，自古希臘以降，過了約 2000 年，除了正三角形、正五邊形，其他正質數邊形作圖都被認為是不可能的。

而高斯證明了正「質數」邊形之一——正十七邊形是可以畫

出來的。

正十七邊形的證明與作圖遠超過本書處理的數學程度，所以就不在此說明了。據說，高斯是在床上一覺醒來就想到正十七邊形的作圖法，從此立下當數學家的志向。

《算術研究》中除了正十七邊形，也說明了用尺和圓規繪製一般正多邊形的條件。

以座標表示看不見的複數

「複數平面」也是高斯的重要成果之一。為了理解「複數平面」，我們先來談談「複數」。

前面說明過，我們以 i 表示平方後等於 -1 的數，而包含 i 的數稱為「虛數」。「複數」則是「虛數」與我們平常使用的「實數」的組合。

圖 4-17 複數

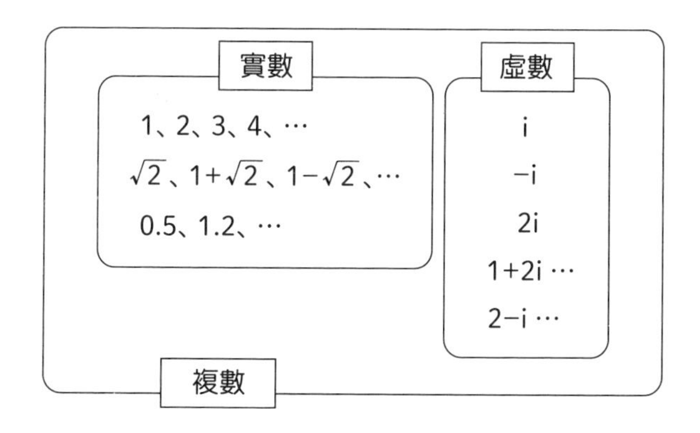

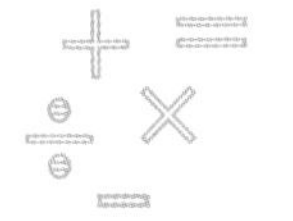

圖 4-18 複數平面

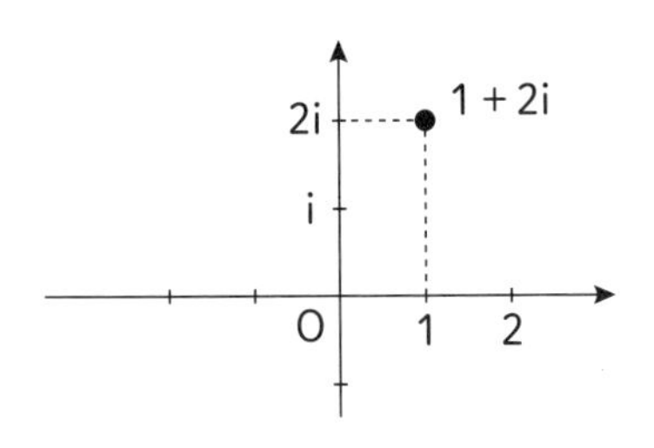

用圖來表示複數，就是「複數平面」，又稱「高斯平面」。複數是看不見的，但**用圖來表示，會比較容易理解**。

如圖 4-18 所示，在「複數平面」上，我們把實數放在 x、y 座標平面上的 x 軸，把 i 放在 y 軸。

或許有人會疑惑，處理看不見的複數有什麼用呢？但實際上，我們平常就在處理看不見的數字。

例如，眼前有 13 顆蘋果。我們該如何把這些蘋果分給 3 個人，每人得到 5 顆蘋果呢？

先把 5 顆蘋果分給第 1 個人，13 － 5 ＝ 8，剩下 8 顆蘋果。

再把 5 顆蘋果分給第 2 個人，8 － 5 ＝ 3，剩下 3 顆蘋果。

這樣的話，就沒辦法分給第 3 個人了，因為蘋果只剩下 3 顆。此時，可能會有人以 3 － 5 ＝ -2 算出少了 2 顆蘋果。

如果一定要把蘋果分給第 3 個人，就要設法把不足的 2 顆補上——正是因為用看不見的負數來計算，才能得到這個結論。

除了負數外，還有其他看不見的數字。國中數學課時，你應該學過用 x 做方程式計算吧？ x 就是看不見的數。

如果不用這看不見的 x，你就得背很多公式，例如雞兔同籠等算法，搞得你精疲力盡。

思考看不見的事物時，看不見的數字也很有用。

我們身邊到處都是不可見的事物。

例如，我們長距離移動時會搭飛機。飛機是利用機翼的壓力差來維持飛行，而壓力差也是無影無形的。因此，機翼相關理論也運用了複數。

此外，我們平常會使用手機，也會打開房間的燈……手機和燈所需的能源——電力、電波，也是肉眼看不見的。智慧型手機也需要看不見的電力、電波才能操作。

要用數字將這些不可見的能量「可視化」，複數平面是非常有效的方法，它在各領域發揮諸多作用。由此可見，高斯的發現對現在的科學技術發展提供極大助力。

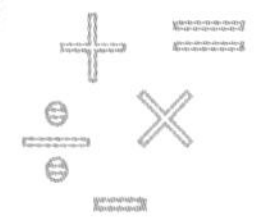

第 5 章

意外熟悉的數學定理

偉大的數學家以「公式」的形式留給我們許多定理、命題，這些「財產」蘊藏了人類長年累積的智慧。

提到數學定理，或許會讓人有點卻步；但其實它就在我們身邊，有些電影、書籍也會把它們當做娛樂題材。

本章會介紹「畢氏定理」、「費馬最後定理」及「ABC猜想」（ABC Conjecture）。這些都是許多數學家深深著迷，也比較為人所知的定理。除了定理的論點，我也會介紹相關的小故事。

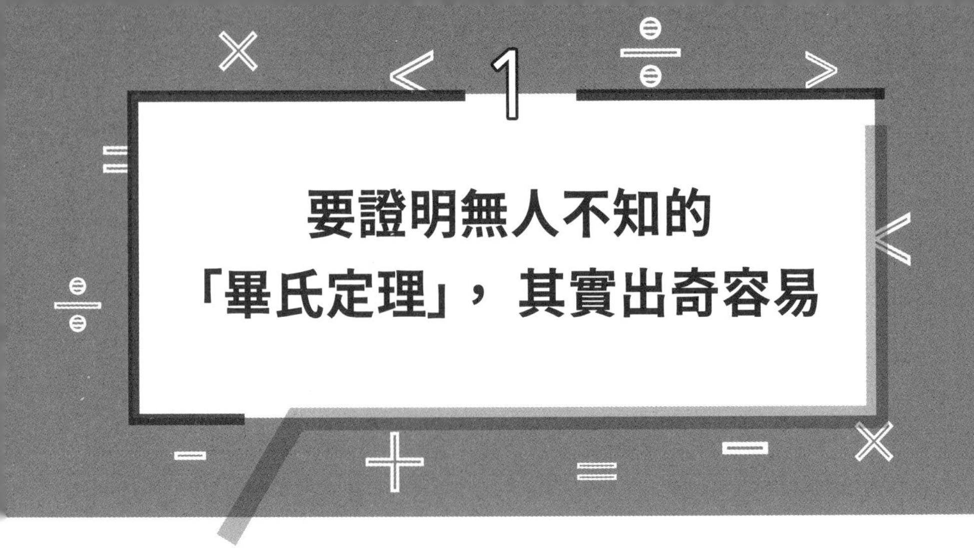

你還記得紀元前就存在的「畢氏定理」嗎？這是數學界有名的定理之一，應該有很多人知道，因為這是國中生的學習內容。

有些數學問題只有用一種方法才能解答，有些則能用好幾種方法。「畢氏定理」從發現至今已超過 2500 年，證明的方法有 100 種以上。

除了「畢氏定理」的證明之外，我也想藉由這個主題向大家說明，數學的證明方法與問題的解法絕對不會只有一種。

「畢氏定理」的論點如下：

〔畢氏定理〕
設直角三角形的斜邊長為 c，另兩邊的邊長為 a、b，則 $a^2+b^2=c^2$。

圖 5-1 畢氏定理

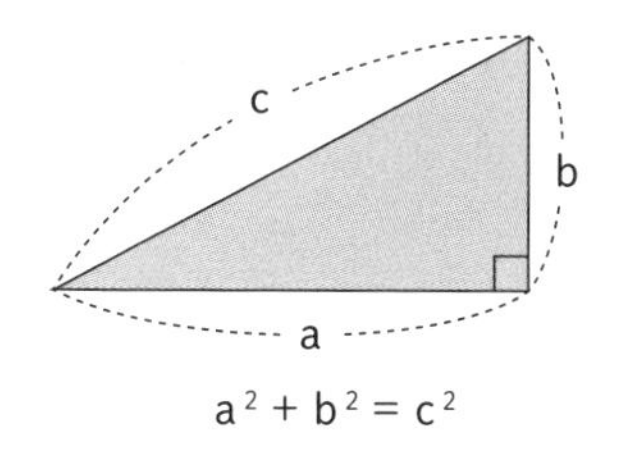

$a^2 + b^2 = c^2$

因為 a、b、c 都是平方（相乘 2 次），所以又名「三平方定理」（Three-square Theorem）。

證明「畢氏定理」的正規方法

可以證明「畢氏定理」的方法相當多，有中規中矩的，也有使用靈活創意的。

本書介紹其中 3 種具代表性的證明方法。

首先介紹正規的方法。

前文提過，數學的基本思考方式中，有「設想答案，再從答案逆向思考」的方法。現在已知答案是「$a^2 + b^2 = c^2$」，所以我們先從製造平方的形式開始。

因為**公式左邊是「$a^2 + b^2$」，右邊是「c^2」，我們就先製造「c^2」的形式**。如圖 5-2 所示，在三角形斜邊之上畫出邊長為 c 的正方形，就能製造出「c^2」。

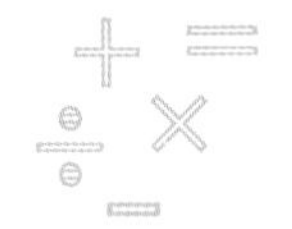

但因為是刻意畫的，這個圖形（五邊形）有點複雜。

圖 5-2 「畢氏定理」的證明步驟①

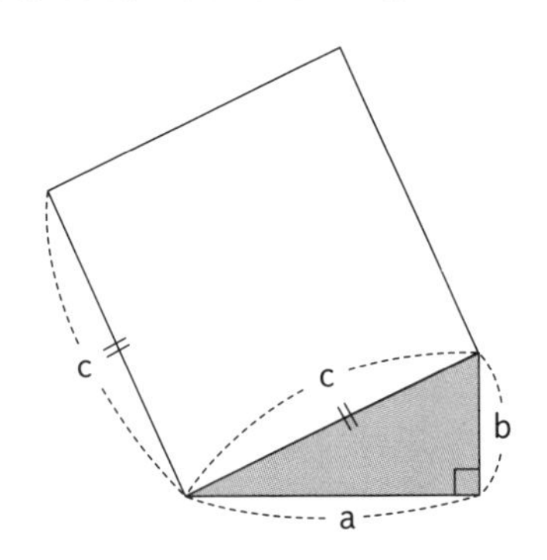

所以，我們把它調整為簡單的形狀。

如圖 5-3 所示，**我們在圖形周圍加上虛線**。

於是，②、③、④的部分便出現了直角三角形。

直角三角形①、②、③、④的斜邊長度都是 c，各個角度也都相等，所以是相同的直角三角形（也稱「全等三角形」）。

圖 5-3 「畢氏定理」的證明步驟②

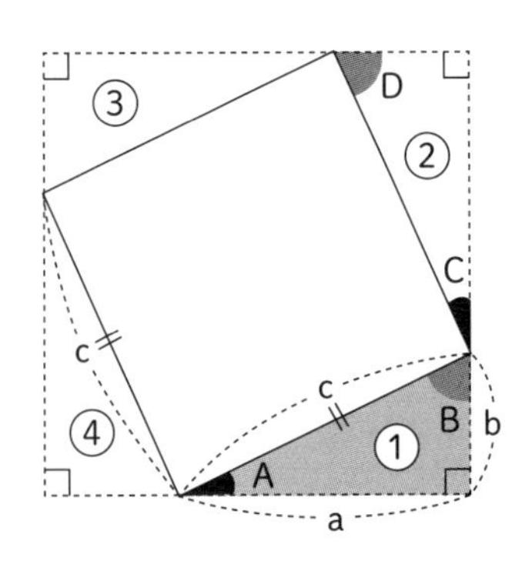

我們知道圖內側正方形的面積是「c^2」。

接下來要製造「畢氏定理」左邊的「$a^2 + b^2$」，為此，我們調動各三角形的位置。圖 5-3 中，直角三角形的斜邊會構成障礙，所以我們將各個圖形重新排列（請見圖 5-4）。

圖 5-4 「畢氏定理」的證明步驟③

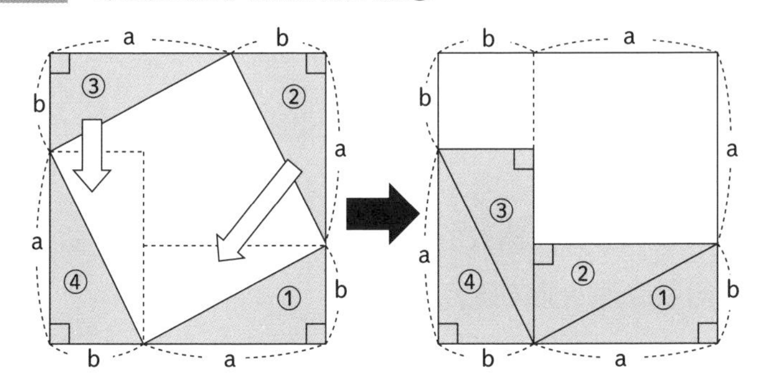

圖 5-5 「畢氏定理」的證明步驟④

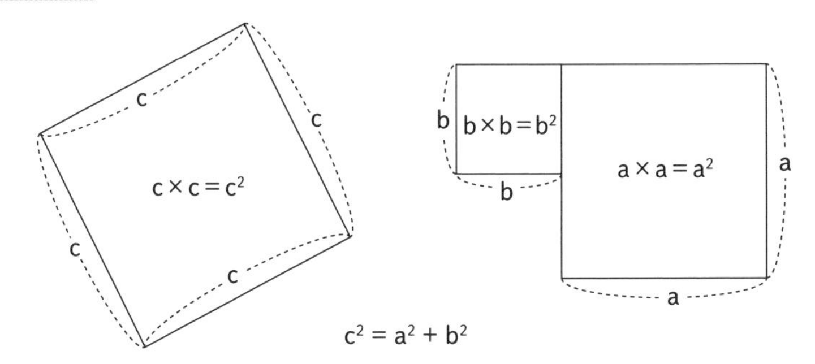

然後，**我們將全體面積減去各直角三角形的面積**。因為每個直角三角形的面積相等，所以將直角三角形①、②、③、④扣

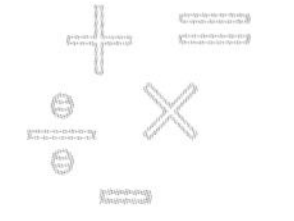

除後，左右兩個圖形的面積也會相等（請見圖 5-5）。

於是，我們可用等號連結「c^2」與「$a^2 + b^2$」，推導出「畢氏定理」。

這就是「畢氏定理」的正統證明方法。

證明「畢氏定理」的簡單方法

第 2 個方法可以更容易得到證明。

首先，像圖 5-3 一樣，在周圍加上虛線，形成直角三角形①、②、③、④。

不過，**這次移動三角形的方式稍有不同；如圖 5-6 所示，把直角三角形放進內側的正方形中**。

圖 5-6 「畢氏定理」的證明步驟⑤

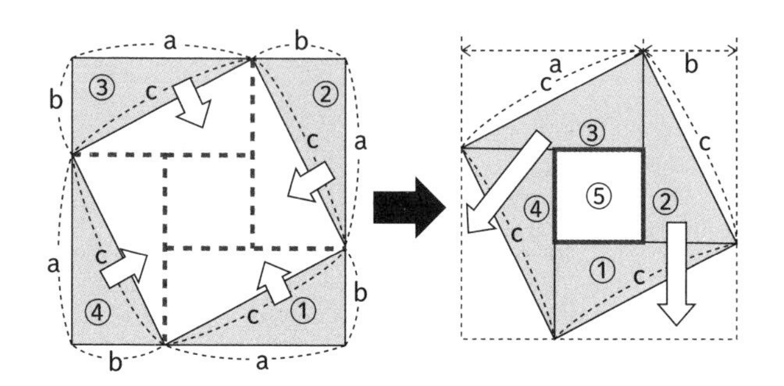

於是，中間出現了小正方形⑤

大正方形的面積（①、②、③、④、⑤的總和）為 c×c = c^2。

接著如圖 5-7 所示，移動②、③，然後用粗線分割並重新解析圖形。我們可以看出，整個圖形分為 a^2 與 b^2 兩個正方形。

圖 5-7 「畢氏定理」的證明步驟⑥

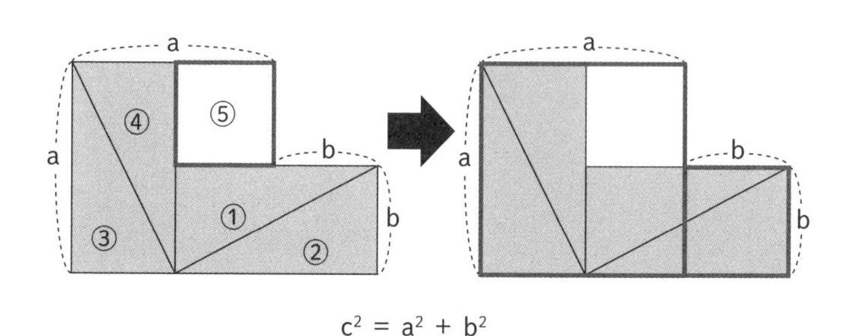

由於①、②、③、④、⑤的面積為 c^2，故可證明 $c^2 = a^2 + b^2$。

用相似形來證明

第 3 種是用直角三角形的縮放（相似形 ※3）來證明，是相當有趣的方法。

首先，準備 3 個三角形，邊長分別為原本直角三角形的 a 倍、b 倍及 c 倍，各以⑥、⑦、⑧表示。

※3 譯注：即對應角相等、對應邊成比例的兩個圖形。

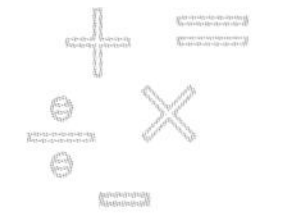

圖 5-8 「畢氏定理」的證明步驟⑥

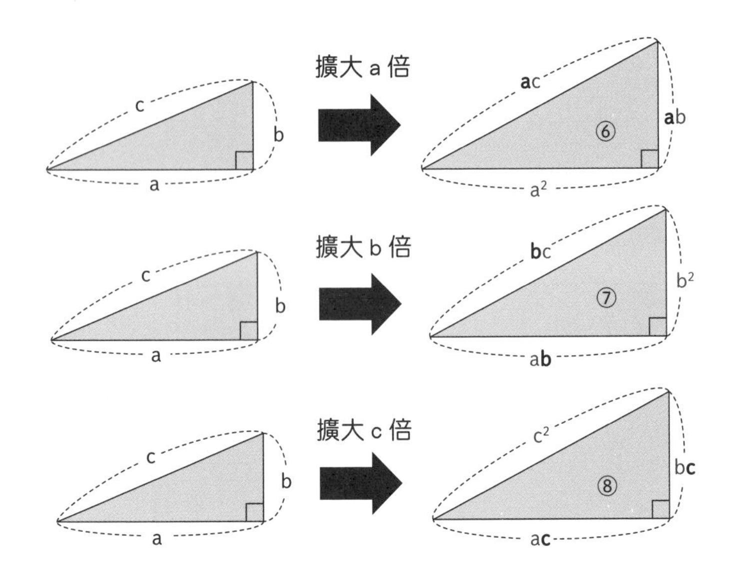

接著，如圖 5-9 所示，組合⑥與⑦，在中間的空隙插入⑧。

於是，⑥的高「ab」與⑦的底「ab」成為長方形的縱向長度。另外，⑦的斜邊「bc」與⑧的高「bc」長度相等，⑥的斜邊「ac」與⑧的底「ac」長度相等，所以⑧可以剛剛好嵌入空隙中。

請注意⑥、⑦、⑧所組長方形的橫向長度。**長方形的上邊為「c^2」，下邊為「$b^2 + a^2$」，由此可證明「$a^2 + b^2 = c^2$」**。

圖 5-9 「畢氏定理」的證明步驟⑦

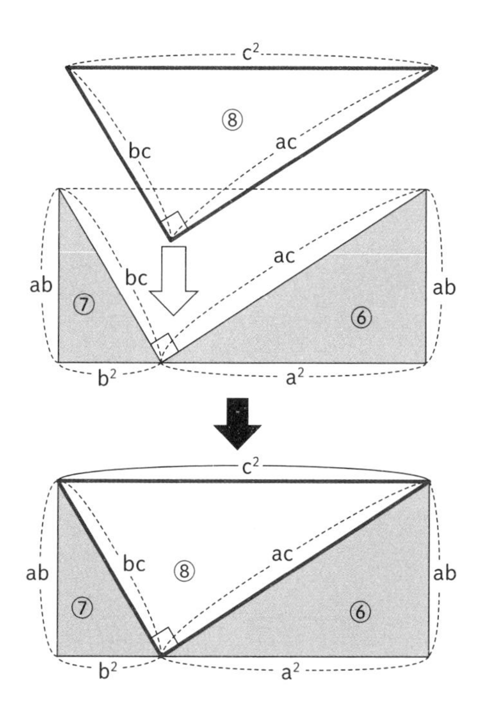

從以上 3 種「畢氏定理」的證明可看出，在數學領域，得到答案的方法往往有很多。可以用自己的方式設計、推導，從而思考出答案，就是數學的魅力之一。

現在，「畢氏定理」在建築領域被用來計算斜坡的長度，也用在汽車導航、測量星星位置等各方面，可說是日常生活中經常運用的定理之一。

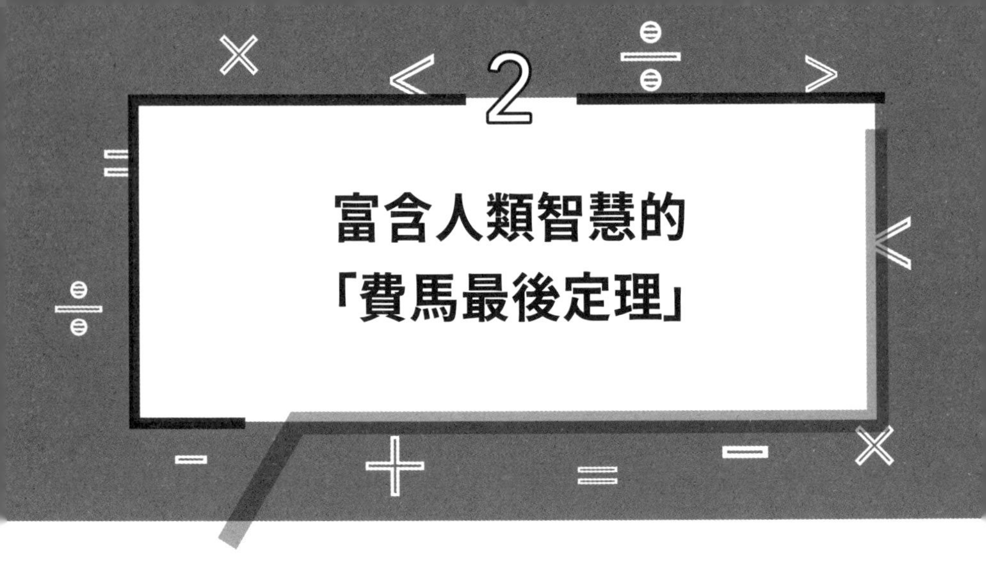

可能有很多人一聽到數學的證明，馬上就繃緊神經。歷史上有些定理花費了幾百年才得到證明，著名的「費馬最後定理」就是其中之一；說它飽含人類的智慧，真是一點也不誇張。

這個定理是由律師費馬發現的，詳情後面會再仔細說明。他發表的猜想很多，但只有這個定理到最後還沒證明出來，所以才被認為是「最後」定理。

「費馬最後定理」不只令數學家著迷，也吸引了許許多多的人。因為它簡明扼要，連國中生都能理解，還有各式各樣的小故事。

2006 年發行的《費馬最後定理》（賽門．辛著，台灣由商務印書館於 1998 年出版）在日本是暢銷書，應該有很多人聽過這個定理。

證明「費馬最後定理」是非常困難的事，寫成論文也有 109 頁之多。因此，本書不解說證明方法，只會說明「費馬最後定理」是什麼，並介紹相關的小故事。

「費馬最後定理」並不難理解

〔費馬最後定理〕
「滿足 $x^n + y^n = z^n$（$n \geqq 3$）的正整數解 x、y、z 並不存在。」

如上述，「費馬最後定理」的論點非常簡單。
讓我們來具體看看它的見解。

定理中的 $n \geqq 3$，表示 n 是 3 以上的數字。那麼，當 $n = 3$，「$x^3 + y^3 = z^3$」會是什麼樣的情況？
我們先看「z^3」。
因為 z 是正整數，用 1、2、3、4、5、6、7……代入 z 後，結果如下：

$1^3 = 1$，$2^3 = 8$，$3^3 = 27$，$4^3 = 64$，$5^3 = 125$，$6^3 = 216$，$7^3 = 343$……

此時，**如果「$x^3 + y^3$」是 1、8、27、64、125、216、343……就好了，可惜這樣的數字並不存在**。這就是「費馬最後定理」的主張。
實際將各種數字代入，結果如下：
當 $x = 1$，$y = 1$，$x^3 + y^3 = 1^3 + 1^3 = 2$，此公式不成立。

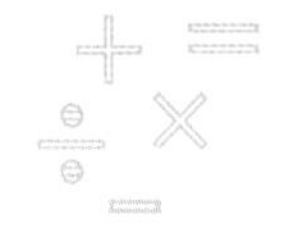

當 $x = 2$，$y = 1$，$x^3 + y^3 = 2^3 + 1^3 = 9$，此公式不成立。

當 $x = 2$，$y = 2$，$x^3 + y^3 = 2^3 + 2^3 = 16$，此公式不成立。

當 $x = 3$，$y = 2$，$x^3 + y^3 = 3^3 + 2^3 = 35$，此公式不成立。

不只在 $n = 3$（$x^3 + y^3 = z^3$）的時候，「費馬最後定理」也主張在 $n = 4$（$x^4 + y^4 = z^4$）、$n = 5$（$x^5 + y^5 = z^5$）……**只要 n 是 3 以上的數字，正整數 x、y、z 都不存在**。

不過，當 $n = 2$ 時，$x^2 + y^2 = z^2$。但這個公式好像在哪裡看過？沒錯，這就是前面提到的「畢氏定理」。大家都知道，邊長 3、4、5 的三角形符合「畢氏定理」（$3^2 + 4^2 = 5^2$ 成立）。而 $n = 1$ 時，就是很單純的情況：$x + y = z$ 成立。順道一提，這個公式和接下來要介紹的「ABC 猜想」有關。

定理因費馬的好奇心而產生

提出「費馬最後定理」的是皮耶爾．迪．費馬（Pierre de Fermat，1607 ～ 1665 年）。

費馬並不是數學家，而是喜歡解數學問題的律師。在他 30 歲的時候，偶然看到古希臘數學家、代數學之父丟番圖（Diophantus of Alexandria）的著作《算術》（*Arithmetica*），其中有一頁介紹了「畢氏定理」。於是，他依據這本書尋找「畢氏三元數」（Pythagorean triple），覺得樂趣無窮。

圖 5-10 畢氏三元數

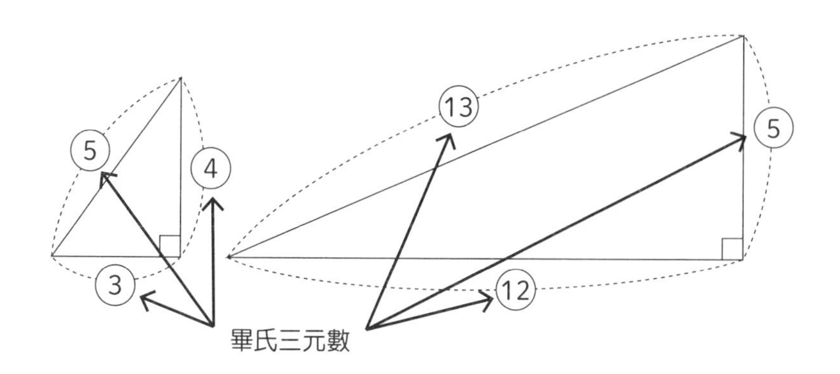

「畢氏三元數」指滿足「畢氏定理」(請見 162 頁)「$a^2+b^2=c^2$」的正整數 a、b、c。例如 a = 3、b = 4、c = 5,或 a = 5、b = 12、c = 13 等無限多個(後面會仔細說明)。

費馬很喜歡尋找「畢氏三元數」,但不久後,他想挑戰更困難的問題——**是否有滿足 $x^3+y^3=z^3$ 的正整數 x、y、z**?指數為 3 比指數為 2 更難找到答案。

費馬千方百計的尋找滿足 $x^3+y^3=z^3$ 的正整數 x、y、z,但始終找不到。

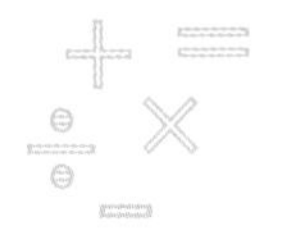

因此，費馬一度放棄 $x^3+y^3=z^3$ 的計算，改挑戰 $x^4+y^4=z^4$，但還是找不到答案。接著他又挑戰 $x^5+y^5=z^5$、$x^6+y^6=z^6$……結果還是一樣。他發現，即使 n 的數字增加，還是無法求出 x、y、z。

於是，他在《算術》這本書的空白處寫道：

「滿足 $x^n+y^n=z^n$（$n \geqq 3$）的正整數 x、y、z 並不存在。」

這就是「費馬最後定理」。

除了「費馬最後定理」以外，費馬還在《算術》這本書上寫了很多筆記。在他生前，那些筆記並不為人知；直到他去世後，他的兒子薩姆爾（Samuel de Fermat）於 1670 年出版附有父親筆記的新版《算術》，這些內容才漸漸聞名於世。

費馬突發靈感，想到了證明方法？

費馬花了許多時間，得出 $n=4$ 的證明（即滿足 $x^4+y^4=z^4$ 的正整數解 x、y、z 並不存在），並把它寫在《算術》的空白處。之後，**經過多次嘗試錯誤，費馬想到了「滿足 $x^n+y^n=z^n$（$n \geqq 3$）的正整數 x、y、z 並不存在」的證明方法，依舊把它寫在《算術》的空白處**。但是，空白處沒有足夠的空間讓他記錄詳細的證明內容，所以他沒有寫下證明方法，只寫了一句：

「我發現了一個很驚人的證明方法，可惜旁邊的空白處太小寫不下。」

你能感覺到費馬的興奮嗎？可是，因為不知道他究竟如何證明，使得許多數學家為了「費馬最後定理」而沉迷不已，受盡折騰。

讓想自殺的數學家打消念頭

有些機構會為懸而未決的數學問題提供懸賞金。最近美國的克雷數學研究所（Clay Mathematics Institute）在 2000 年公布的千禧年大獎難題，就是一個知名的例子。

克雷數學研究所懸賞的問題有 7 個，解答任一題的第 1 人將獲頒 100 萬美金（約 1 億日圓）。直到 2022 年 9 月，只有「龐加萊猜想」（Poincaré Conjecture）獲得解決。

其實，也有機構為「費馬最後定理」提供懸賞金。1823 年，法蘭西科學院（Academie des Sciences, Institut de France）為「費馬最後定理」提供懸賞金。到了 1850 年，德國數學家庫默爾（Ernst Eduard Kummer）藉由限定 n 的條件而證明成功，獲頒 3000 法郎的金質獎章。

1908 年，沃爾夫斯克爾（Paul Wolfskehl），給能夠證明「費馬最後定理」是正確的人提供了 10 萬馬克（約 10 億日圓）的懸賞金。

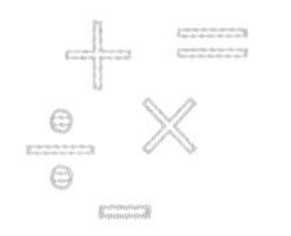

沃爾夫斯克爾是數學家，1850 年獲得法蘭西科學院賞金的庫默爾是他的老師。

某天，他被一個女孩子拒絕，便起了自殺的念頭。他把執行時間設定在午夜 0 時。不早不晚，就訂在 0 時，感覺似乎有數學家的風格。寫完遺書後，還剩下一些時間，他便開始整理房間。偶然間，有篇論文吸引了他的注意，他不知不覺就看了起來。

那是有關證明「費馬最後定理」的論文。他愈看愈入迷，一回神，發現已經過了自殺的時間，便決定不自殺了。所以，是「費馬最後定理」救了沃爾夫斯克爾一命。

懷爾斯寫了100頁的論文完成證明

為了報答「費馬最後定理」的救命之恩，他重新立下遺囑，表示將提供 10 萬馬克獎金給證明費馬最後定理的人。

由於 10 萬馬克的金額相當高，這件事成為全世界的熱門話題。第 1 年，便有許多業餘數學愛好者提交超過 600 份的證明，只可惜專業數學家對此興趣不高。因為「費馬最後定理」已發表超過 200 年，很多數學家接連不斷的挑戰，但都無法解決，因此，這個題目對他們來說已成為禁忌。

英國數學家安德魯・懷爾斯（Andrew John Wiles，1953 年～）在這樣的環境下證明了「費馬最後定理」。他使用超越本書範圍的深奧方法，發表了超過 100 頁的論文，證明出 17 世紀以來許多數學家拒絕挑戰的問題，轟動了數學界。

嘗試求出「畢氏三元數」

「費馬最後定理」的證明非常複雜難解，但它的初階問題——求「畢氏三元數」並沒有那麼難。既然正好提到，我們就藉此機會談談如何尋找「畢氏三元數」吧！這件事費馬也樂在其中呢！

「畢氏三元數」指滿足「畢氏定理」$x^2 + y^2 = z^2$ 的正整數 x、y、z，有無限多個。

例如，當 $x = 3$、$y = 4$、$z = 5$，$3^2 + 4^2 = 5^2$ 會成立；而這些數字增為 2 倍（即 $x = 6$、$y = 8$、$z = 10$），或是 3 倍（即 $x = 9$、$y = 12$、$z = 15$）時，「畢氏定理」也都成立。

不過，用增加 2 倍、3 倍的方法尋找「畢氏三元數」，一點意思也沒有。

所以，「**原始畢氏三元數**」（Primitive Pythagorean Triple）要上場了。**「原始畢氏三元數」指「畢氏三元數」中沒有公約數的 x、y、z，如下述**。

圖 5-11 「畢氏三元數」與「原始畢氏三元數」

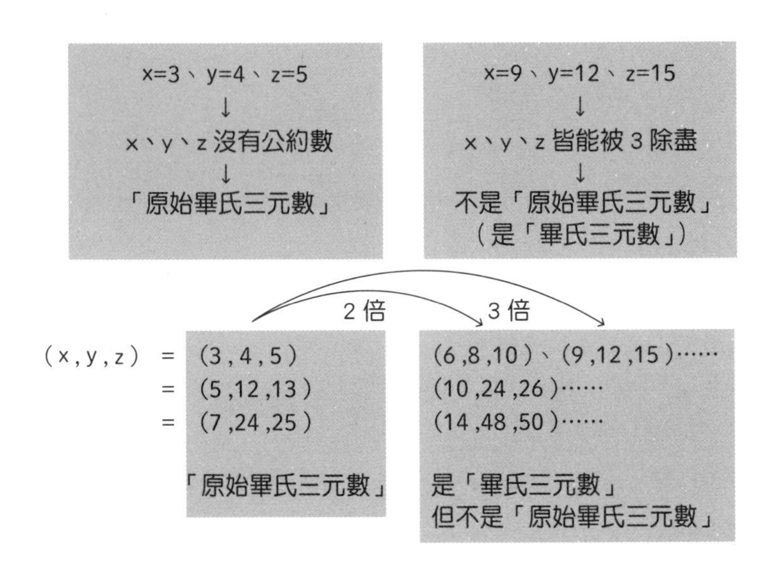

費馬很享受尋找「原始畢氏三元數」的樂趣。「原始畢氏三元數」可用奇數的性質求得。

1, 3, 5, 7, 9, 11, 13, 15, 17, 19, 21, 23, 25……

從 1 開始依序將奇數相加，就能找到「平方數」(Square Number)，亦即能以平方形式表示的數。

例如，2 個奇數的和：$1 + 3 = 4 = 2^2$，3 個奇數的和：$1 + 3 + 5 = 9 = 3^2$，4 個奇數的和：$1 + 3 + 5 + 7 = 16 = 4^2$，5 個奇數的和：$1 + 3 + 5 + 7 + 9 = 25 = 5^2$。

如圖 5-12 所示，每多 1 個 」形，就多加 1 個奇數。

圖 5-12 如何求出「畢氏三元數」①

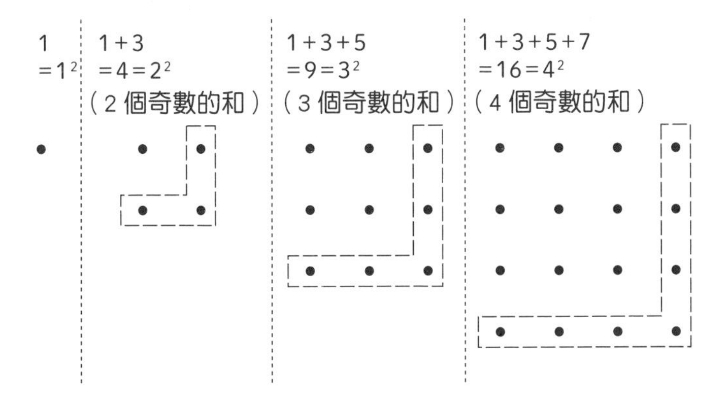

在」形的部分為平方數的情況下，「畢氏三元數」可用以下方式產生。

圖 5-13 如何求出「畢氏三元數」②

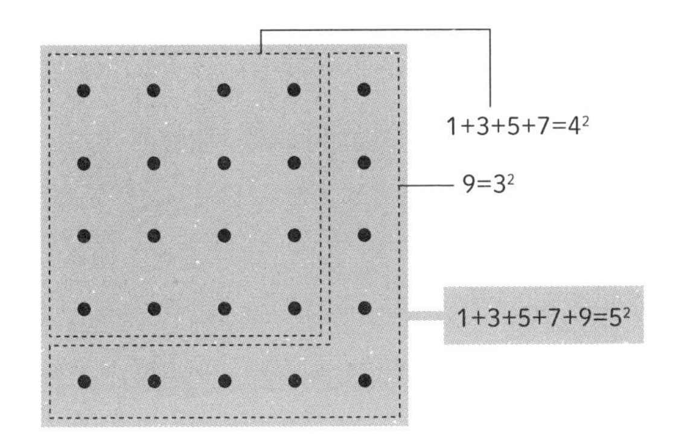

如圖 5-13 做成平方的形式，把它們組合起來，便形成 $3^2 + 4^2 = 5^2$，這樣就能求得「畢氏三元數」。接著，我們再「尋找其他的平方數。

1, 3, 5, 7, ⑨ , 11, 13, 15, 17, 19, 21, 23, ㉕……

其中 $25 = 5^2$。用前述從 1 開始依序將奇數相加的方法，就能求出「原始畢氏三元數」。

圖 5-14 如何求出「畢氏三元數」③

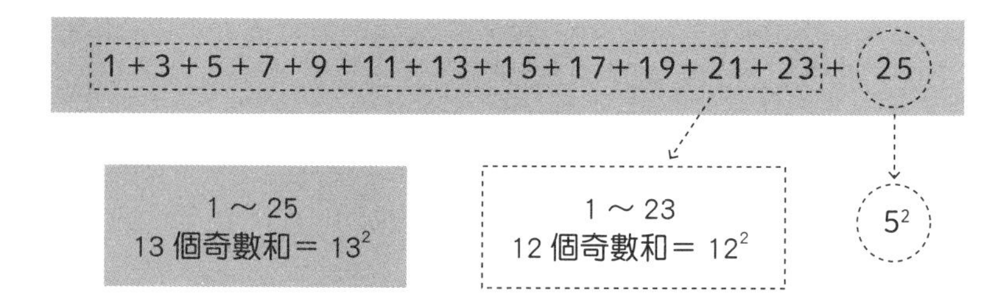

如圖 5-14 所示，$5^2 + 12^2 = 13^2$ 成立，求得（x, y, z）＝（5, 12, 13）。如此，以 3^2、5^2、7^2、9^2……**同時為平方數與奇數的數字為核心來思考，就能產生無限個「原始畢氏三元數」**。

「原始畢氏三元數」也可用公式求出。

〔「原始畢氏三元數」公式〕

p、q為正整數，$p > q$，且p、q一為奇數一為偶數時，

$(x, y, z) = (p^2 - q^2, 2pq, p^2 + q^2)$

例如，把 $p = 2$、$q = 1$ 代入，

$$(x, y, z) = (2^2 - 1^2, 2\times2\times1, 2^2 + 1^2)$$
$$= (4 - 1, 4, 4 + 1)$$
$$= (3, 4, 5)$$

把 $p = 3$、$q = 2$ 代入，

$$(x, y, z) = (3^2 - 2^2, 2\times3\times2, 3^2 + 2^2)$$
$$= (9 - 4, 12, 9 + 4)$$
$$= (5, 12, 13)$$

把 $p = 4$、$q = 3$ 代入，

$$(x, y, z) = (4^2 - 3^2, 2\times4\times3, 4^2 + 3^2)$$
$$= (16 - 9, 24, 16 + 9)$$
$$= (7, 24, 25)$$

用上述方式把正整數代入公式，就能產生無數個「原始畢氏三元數」。「原始畢氏三元數」的公式「$(x, y, z) = (p^2 - q^2, 2pq, p^2 + q^2)$」，在證明「費馬最後定理」之 $n = 4$ 的情況時，在代入計算上發揮極大功能。

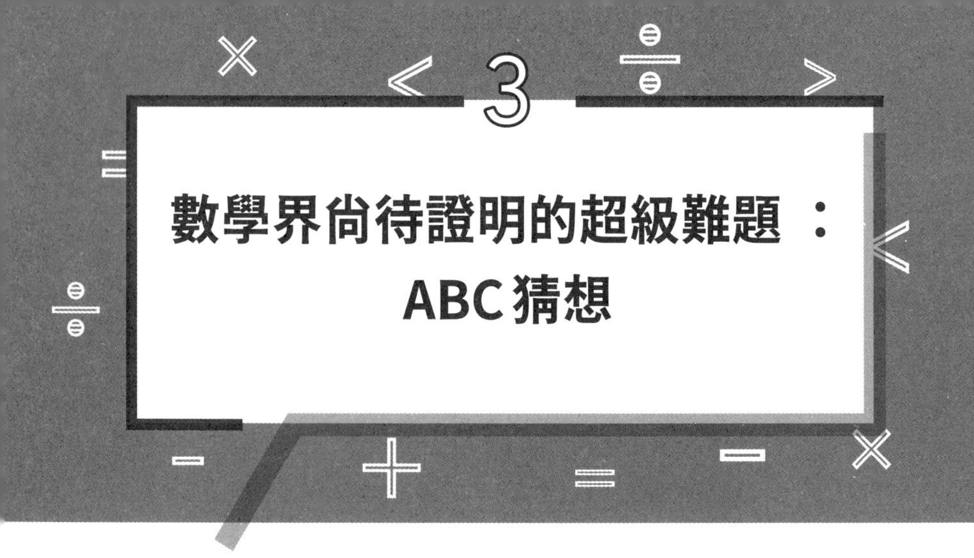

數學界有幾個懸而未決的證明題。

「ABC 猜想」就是令全世界數學家頭痛的問題之一。

最近，除了數學家，一般大眾對「ABC 猜想」也多有得知；因為它的論點雖容易理解，卻無人能解開。

我們先來看看「ABC 猜想」有什麼具體論點。

「強ABC猜想」與「弱ABC猜想」

「ABC 猜想」是關於「整數論」的猜想，在 1985 年由法國數學家約瑟夫・奧斯達利（Joseph Oesterlé）與瑞士數學家大衛・馬瑟（David William Masser）所提出。這個猜想所使用的字母不是 x、y、z，而是 a、b、c，故以此命名。

「整數論」是研究整數性質的學問，又稱為「數論」。整數是不可思議的數字。比如說，能滿足「a + b = 1」的整數（a, b）有無限多個，如（1, 0）、（2, -1）、（3, -2）、（4, -3）等。

可是，能滿足「a×b = 1」的整數（a, b）卻只有兩個：(1, 1)與(-1, -1)。所以，在不同條件下，整數的答案有時有無限多個，有時卻寥寥可數。

數學中的「猜想」指被認為正確，但尚未完成證明的數學敘述。

「ABC猜想」有「強ABC猜想」(Strong ABC Conjecture)、「弱ABC猜想」(Weak ABC Conjecture)兩種形式。

ABC猜想
- 「強ABC猜想」……尚未證明
- 「弱ABC猜想」……完成證明

「強ABC猜想」目前仍未得到證明，「弱ABC猜想」則已證明完成。

「強ABC猜想」的「強」，是指它的影響力而言。如果它完成證明，「整數論」領域將立刻發生翻天覆地的改變；耗費了350年以上的歲月、**100頁以上篇幅的論文才得到證明的「費馬最後定理」，藉由「強ABC猜想」，大概只花1頁就能完成證明了**。

此外，整數論的難題「施皮羅猜想」(Szpiro's Conjecture)，以及數學界其他各式各樣懸宕未解的問題，也可能藉由「強ABC猜想」的證明而撥雲見日。

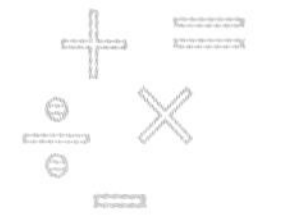

rad＝除去指數部分的計算結果

「ABC 猜想」的論點並沒有那麼難，但它就像「費馬最後定理」一樣，人人都懂，但沒人解得開。

ABC 猜想中有個符號「rad」（Radical，根基），是「質因數單純相乘」的意思。我們就先從 rad 開始說明吧！

如下圖，我們可以用連續除法將 72 分解成「3×3×2×2×2」；若用指數的形式表示，則寫成 $72 = 3^2 \times 2^3$，這種方法稱為「質因數分解」。

圖 5-15 質因數分解

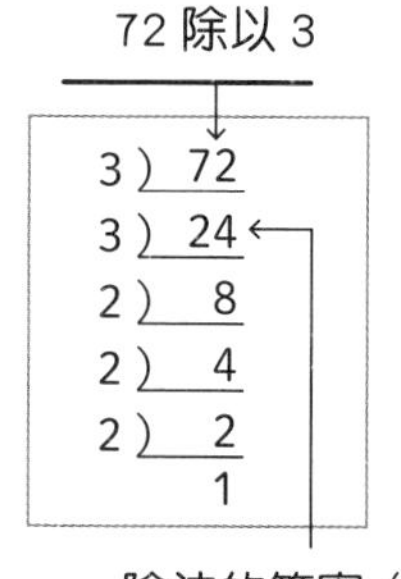

rad 的角色就是去除 2 次方、3 次方這些指數。以前述的 72 為例，就是用以下方式除去指數：

$$\text{rad}\ (3^2 \times 2^3) = 3 \times 2 = 6$$

如果沒有 2 次方、3 次方之類指數，就照原來的質因數分解式計算即可，例如 rad（3×2×5）＝ 3×2×5 ＝ 30。以下我再舉一些例子。

rad（2^{100}）＝ 2
rad（2×3^{2}）＝ 2×3 ＝ 6
rad（$2^{2}\times5$）＝ 2×5 ＝ 10
rad（$2^{3}\times3^{4}\times5^{2}$）＝ 2×3×5 ＝ 30
rad（$x^{3}\times y^{3}\times z^{3}$）＝ xyz ＝（x, y, z：質數）

強 ABC 猜想

理解了 rad 之後，我們再來看強「ABC 猜想」的論點。

〔強 ABC 猜想〕
a、b 為互質的正整數（兩者最大公約數為 1），且 a ＋ b ＝ c 時，下式成立。

$$c < \{rad(abc)\}^{2}$$

光這樣說，可能還是不太容易理解。
那麼，我們就用具體數字代入 a、b，比較 c 和 rad（abc）。
例如，設 a ＝ 3，b ＝ 4，c ＝ 3 ＋ 4 ＝ 7，然後求 rad（abc）。
rad（abc）＝ rad（3×4×7）＝ rad（$3\times2^{2}\times7$）＝ 3×2×7 ＝ 42

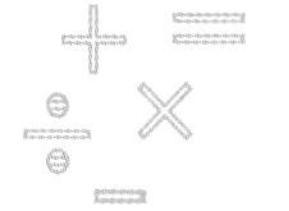

rad（abc）＝ 42，而 c ＝ 7。所以，**rad（abc）即使去除平方，依然大於 c**。

$$7 = c < \mathrm{rad}(abc) = 42$$

我們再用另一組數字試試看。設 a ＝ 4，b ＝ 5，c ＝ 4 ＋ 5 ＝ 9。

rad（4×5×9）＝ rad（2^2×5×3^2）＝ 2×5×3 ＝ 30，跟上一個例子一樣，下式依然成立。

$$9 = c < \mathrm{rad}(abc) = 30$$

照這樣計算下去，在大部分的情況下，rad（abc）都會大於 c。若光看以上的結果，會讓人覺得，即使 rad（abc）未平方，c ＜ rad（abc）依然會成立。但其實**在 rad（abc）去除平方時，有無限多組 a、b、c 會讓這個不等式不成立**。

例如，a ＝ 1，b ＝ 8，c ＝ 1 ＋ 8 ＝ 9 時，rad（1×8×9）＝ rad（1×2^3×3^2）＝ 1×2×3 ＝ 6。

$$9 = c > \mathrm{rad}(abc) = 6$$

這個例子中，不等號反過來了。由此可知，如果不平方，「強 ABC 猜想」就不會成立。

我們可以用這個例子，產生無限多個 rad（abc）不平方，「強 ABC 猜想」就不成立的 a、b、c 組合。

首先，設 a 恆為 1；c 則為前例的平方，即 $9^2 = 81$；從 $a + b = c$ 可得 $b = 81 - 1 = 80$。

$$\text{rad}(abc) = \text{rad}(1\times 80\times 81)$$
$$= \text{rad}(1\times 2^4\times 5\times 3^4) = 1\times 2\times 5\times 3 = 30$$

$$81 = c > \text{rad}(abc) = 30$$

重點是要設 a 恆為 1。c > rad(abc)成立時的 c 值經過平方後，又可得到一個 c 值，如此便可產生：

$$c > \text{rad}(abc)$$

無限多個 a、b、c 組合。

看到這裡，你或許會想知道「c < rad(abc)」不成立有何含意。

本篇的開頭提過，當「ABC 猜想」得到證明，「費馬最後定理」也能輕鬆得到證明；因為**當 c < rad（abc）成立，「費馬最後定理」只要幾行就能證明出來**。

所以接下來，我們要假設已知不成立的公式成立，並嘗試加以證明，以此探討「ABC 猜想」與「費馬最後定理」的關係。

〔ABC猜想的if〕

a、b為互質的正整數，且$a + b = c$時，下式成立。

$$c < \mathrm{rad}(abc)$$

此處，我們會在「ABC猜想的if」成立的假設之下進行討論。「費馬最後定理」主張「滿足$x^n + y^n = z^n$（$n \geqq 3$）的正整數解x、y、z不存在」，**為了要證明此論點，先假設「滿足$x^n + y^n = z^n$（$n \geqq 3$）的正整數解x、y、z存在」，然後推導出矛盾之處**，藉由推導矛盾來證明猜想不成立，這種證明方法稱為「反證法」（Proof by Contradiction）。

首先，除了x、y必須是正整數以外，沒有其他條件。為了方便計算，設$x < y$，再從「$x^n + y^n = z^n$」得出$z > y$。

理由如下。

x為正整數，所以$x > 0$。

x的n次方一定會比0大，所以$x^n > 0$。

兩邊各加「y^n」，得出$x^n + y^n > y^n$。

因為$x^n + y^n = z^n$，所以$z^n > y^n$，$z > y$。

綜上所述，$0 < x < y < z$。

為了將「ABC猜想」的「$a + b = c$」與「費馬最後定理」的「$x^n + y^n = z^n$」結合，我們以$a = x^n$，$b = y^n$，$c = z^n$來計算rad（abc）。

$rad(abc) = rad(x^n y^n z^n) = rad(xyz) \leqq xyz < z \times z \times z = z^3$，亦即 $rad(abc) < z^3$。將 $c = z^n$ 代入 $c < rad(abc)$，則下式成立：

$$z^n = c < rad(abc) < z^3$$

請特別注意 $z^n < z^3$ 的指數部分。我們一開始假設**「滿足 $x^n + y^n = z^n$（$n \geqq 3$）的正整數解 x、y、z 存在」；但 $c < rad(abc)$ 成立時，$n < 3$，與「$n \geqq 3$」的條件形成矛盾**。也就是說，「費馬最後定理」中，n 應該是 3 以上的數字，但在「ABC 猜想的 if」成立時，n 卻小於 3。因此，可證明「滿足 $x^n + y^n = z^n$（$n \geqq 3$）的正整數解 x、y、z 不存在」。

如果「$c < rad(abc)$」成立，花了超過 350 年才得證的「費馬最後定理」只要用以上方式就能立刻解決。但很可惜，「$c < rad(abc)$」並未成立。

雖然「$c < rad(abc)$」未成立，但**將不等式右邊的 rad（abc）平方、主張「$c < \{rad(abc)\}^2$」的「強 ABC 猜想」預計將會成立**。

所以，我們來試試用「強 ABC 猜想」證明「費馬最後定理」。但為了使證明順利，必須將條件從「$x^n + y^n = z^n$（$n \geqq 3$）」調整為「$x^n + y^n = z^n$（$n \geqq 6$）」。

前面提過，「費馬最後定理」是用推導矛盾的反證法證明出來的。為了方便用反證法推導矛盾，我們使用 6 這個數字，這是微調之後的結果。

先假設「滿足 $x^n + y^n = z^n$（$n \geqq 6$）的正整數解 x、y、z 存在」，然後跟前面一樣，以 $0 < x < y < z$ 為前提，設 $a = x^n$，$b = y^n$，$c = z^n$。

因為 $rad(abc) < z^3$，將此不等式的兩邊平方後，可得 $\{rad(abc)\}^2 < (z^3)^2 = z^6$，於是下式成立。

$$z^n = c < \{rad(abc)\}^2 < z^6$$

由此可得 $z^n < z^6$。請注意，指數部分已經變成 $n < 6$ 了。

這點跟我們一開始的假設「滿足 $x^n + y^n = z^n$（$n \geqq 6$）的正整數解 x、y、z 存在」形成矛盾。

因此，可證明「滿足 $x^n + y^n = z^n$（$n \geqq 6$）的正整數解 x、y、z 不存在」。

雖然設定 $n \geqq 6$ 為條件，跟「$c < rad(abc)$」成立時的情況不同，但**在歷史上，「費馬最後定理」無法證明的狀況是發生在 n 的數字較大的時候，所以，我們實際上已完成證明**。

至於 $n < 6$ 的狀況，即使用「強 ABC 猜想」也無法證明；不過這項工作已有數學家完成。

圖 5-16 證明出一部分「費馬最後定理」的人物

n	證明者
3（$x^3 + y^3 = z^3$）	歐拉、考斯勒（Kausler）、 勒讓德（Adrien-Marie Legendre）……
4（$x^4 + y^4 = z^4$）	費馬、歐拉、考斯勒、勒讓德……
5（$x^5 + y^5 = z^5$）	勒讓德、狄利克雷（Peter Dirichlet）、高斯……

目前為止得到的結論如下。

ABC 猜想的 if：$c < \text{rad}(abc)$ →大多數情況下不成立

強 ABC 猜想：$c < \{\text{rad}(abc)\}^2$ →證明未完成

「強 ABC 猜想」的證明仍被認為相當困難。

弱ABC猜想

「弱 ABC 猜想」的條件比強「ABC 猜想」寬鬆。

剛才提到的不等式：$c < \text{rad}(abc)$ 與 $c < \{\text{rad}(abc)\}^2$，數學家注意的是 $\text{rad}(abc)$ 在 1 ～ 2 次方之間的指數部分。

而「弱 ABC 猜想」的指數是 $1 + \varepsilon$（$\varepsilon > 0$），即不等式的右邊為 $\{\text{rad}(abc)\}^{1+\varepsilon}$。

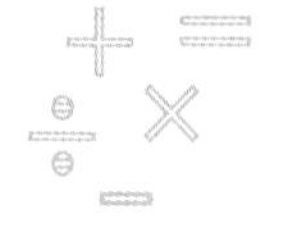

〔弱 ABC 猜想〕

設 $\varepsilon > 0$，a、b 為互質的正整數，且 $a + b = c$ 時，下式成立。

$$c > \{rad(abc)\}^{1+\varepsilon}$$

a、b、c 只存在有限個組合。

「只存在有限個」表示並非無限多，亦即除了數量有限的例外，$c < \{rad(abc)\}^{1+\varepsilon}$ 都成立。

剛才我們看過幾個 $c < rad(abc)$ 不成立的例子。或許你會覺得，將 1 次方改成 1.1 次方（$\varepsilon = 0.1$）或 1.01 次方（$\varepsilon = 0.01$），不會有太大差別。

但經過計算後發現，「在改為 $c > \{rad(abc)\}^{1+\varepsilon}$ 之後，a、b、c 組合確實就變成有限個」，而非無限多個。

但是，「弱 ABC 猜想」中「只存在有限個」的敘述有點難以理解。

其實有人換了一種方式敘述「弱 ABC 猜想」，這個人就是日本京都大學數理解析研究所的望月新一教授。或許有人還記得，在 2020 年 4 月，他證明「ABC 猜想」的事形成熱門話題。他用以下方式敘述「弱 ABC 猜想」：

〔弱 ABC 猜想（換一種敘述方式）〕
設 $\varepsilon > 0$，a、b 為互質的正整數，且 $a + b = c$ 時，下式成立。

$$c < K(\varepsilon)\{\mathrm{rad}(abc)\}^{(1+\varepsilon)}$$

「弱 ABC 猜想」的定理主張「滿足 $c > \{\mathrm{rad}(abc)\}^{(1+\varepsilon)}$ 的 a、b、c 組合只存在有限個」，亦即除了數量有限的例外，「$c < \{\mathrm{rad}(abc)\}^{(1+\varepsilon)}$」都成立。

反過來說，**為了排除數量有限的例外，他將原來的不等式右邊乘以 $K(\varepsilon)$，如此一來，$c < K(\varepsilon)\{\mathrm{rad}(abc)\}^{(1+\varepsilon)}$ 就都能成立**。這樣的敘述方式比較容易理解，讓我們具體來看看。

設 $a + b = c$ 的 (a, b, c) 為
$a = 1$，$b = 3^{2^n} - 1$，$c = 3^{2^n}$，$\varepsilon = 0.2$
$n = 1$ 時，$(a, b, c) = (1, 8, 9) = (1, 2^3, 3^2)$
$\{\mathrm{rad}(1 \times 2^3 \times 3^2)\}^{1.2} = (1 \times 2 \times 3)^{1.2} = 6^{1.2} \fallingdotseq 8.586$
$9 > 8.586$

$n = 2$ 時，$(a, b, c) = (1, 80, 81) = (1, 2^4 \times 5, 3^4)$
$\{\mathrm{rad}(1 \times 2^4 \times 5 \times 3^4)\}^{1.2} = (1 \times 2 \times 5 \times 3)^{1.2} = 30^{1.2} \fallingdotseq 59.23$
$81 > 59.23$

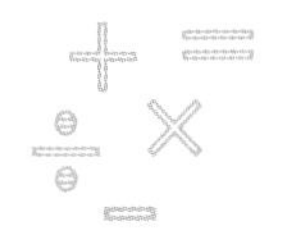

n ＝ 3 時，$(a, b, c) = (1, 6560, 6561) = (1, 2^5 \times 5 \times 41, 3^8)$

$\{rad(1 \times 2^5 \times 5 \times 41 \times 3^8)\}^{1.2} = (1 \times 2 \times 5 \times 41 \times 3)^{1.2} =$

$1230^{1.2} \fallingdotseq 5104$

$6561 > 5104$

n ＝ 4 時，$(a, b, c) = (1, 43046720, 43046721)$

$= (1, 2^6 \times 5 \times 17 \times 41 \times 193, 3^{16})$

$\{rad(1 \times 2^6 \times 5 \times 17 \times 41 \times 193 \times 3^{16})\}^{1.2}$

$= (1 \times 2 \times 5 \times 17 \times 41 \times 193 \times 3)^{1.2} = 4035630^{1.2} \fallingdotseq 84546106$

$43046721 < 84546106$

如以上所示，到 n ＝ 1、2、3、4 時，不等號的方向變成＜。

之後當 n ＝ 5、n ＝ 6……不等號也會是＜。

也就是說，當 $a = 1$，$b = 3^{2^n} - 1$，$c = 3^{2^n}$，$\varepsilon = 0.2$（即 rad（abc）1.2）時，只有**n ＝ 1，(a, b, c) ＝ (1, 8, 9)；n ＝ 2，(a, b, c) ＝ (1, 80, 81)；以及 n ＝ 3，(a, b, c) ＝ (1, 6560, 6561) 這 3 組會使 $c > \{rad(abc)\}^{(1+\varepsilon)}$ 成立**。如果這 3 組乘以數倍，不等號的方向就會改變。

$$c < (\text{數倍})\{rad(abc)\}^{1+\varepsilon}$$

以上例來說，如果不等式的右邊乘以 2，不等號的方向就會改變。2 即相當於 K（ε）。

n = 1時，(a, b, c) = (1, 8, 9)

9 < 2×8.586 = 17.172

n = 2時，(a, b, c) = (1, 80, 81)

81 < 2×59.23 = 118.46

n = 3時，(a, b, c) = (1, 6560, 6561)

6561 < 2×5104 = 10208

這樣一來，**所有不等號都會變成 <**。

2012 年，望月教授在自己的網站發表有關「弱 ABC 猜想」的論文，同時也投稿給日本京都大學數理解析研究所編輯的專門期刊。這篇論文採用了一種新概念——跨宇宙泰希米勒理論（Inter-Universal Teichmüller Theory，簡稱「IUT 理論」），即使是數學家，也只有少數人能理解，所以「同儕審查」（Peer Review）階段需要大量時間，交由其他研究者閱讀、勘驗論文內容。

大約經過 7 年半的歲月，終於在 2020 年完成審查，順利刊載在期刊上，他的證明終於得到承認。

無數數學家挑戰失敗的猜想能由日本數學家證明成功，真是令人高興的事。望月教授所建立的「跨宇宙泰希米勒理論」不只對「弱 ABC 猜想」有用，應該也有助於解決今後各式各樣的數學猜想。

結語

大家還記得童年時對未來的夢想嗎？

我到現在還記得，我在小學畢業紀念冊上寫「我想當研究員」。還是小學生的我，對眼前的未來充滿期待，懷抱著興奮雀躍的心情，把自己的夢想寫在紀念冊上。

小時候，我們單純的描繪對未來的夢想，不擔心能否真的實現。但隨著我們長大，成為高中生、大學生、社會人士……面對努力不見得會成功的殘酷現實，很多人就不知不覺放棄了小學時代的夢想。

我也曾經如此。我抱著「當研究員」的願望進入研究所，每天泡在圖書館，和研究室的同學爭辯，研究生活過得非常充實；但周遭同學都聰明絕頂、才華橫溢，我只有被碾壓的份。不知何時開始，我感覺到自己和同學的實力愈差愈遠，便有了退縮之感。於是，研究所一年級讀到一半，我就認定自己不適合從事學術研究，放棄了小學時的夢想。

離開了學術之路，我選擇就業。當時，防衛省海上自衛隊正在招募數學教官。這份特殊的工作，我當年如果沒去應徵，下一次的招募可能就是 10 年以後了。這項職務的工作內容很少見，引起了我的興趣，所以我決定選擇這條路。同學看到我這樣，大概都覺得我妥協了吧！他們丟給我這句話：

「想當研究員竟然選擇就業，根本就是人生失敗組。」

當時我才剛工作沒多久，這句話一直在我心中揮之不去。我想，在我心中的某個角落，當研究人員的念頭依然存在。

不過，海上自衛隊數學教官這份工作比我想像中還要有滿足感。因為教飛行生數學是件非常愉快的事，從他們身上我也學到很多，這段經歷真的很美好。

他們教會我的其中一件事是「學習永遠不嫌晚」，不管幾歲，都要努力實現自己將來的夢想。飛行生們這樣的態度讓我十分感動。

受到他們的激勵，我再度開始為當研究員而努力。

不知不覺，我在海上自衛隊當了 16 年的數學教官；2022 年 4 月，我從這份工作畢業。雖然比同年齡的研究者晚了 10 年以上，但我現在也成為研究員了，小學時代的夢想終於成真。

這裡我想跟大家分享的是：學習永遠不嫌晚。

這本書沒有專業的數學理論。讀者中，應該有些是過去不擅長數學，但想再度嘗試接觸；或者是學生時期對數學避之唯恐不及，現在想重新理解。如果本書能對你們有所幫助，我會無比開心。

最後要謝謝 ASA 出版編輯部的諸位，對原稿的撰寫惠賜各種意見，承蒙照顧，非常感激。此外，下關中學教育學校（譯注：完全中學）的牧隆太先生幫忙閱讀原稿，並不吝給予建議，在此表達衷心感謝之意。

佐佐木　淳

參考文獻

- 森下四郎著，《新版 畢氏定理的100種證明法》（Pleiades出版，2021）
- 横山明日希著，《為什麼1L鮮奶實際上只有946mL？用數學解開日常生活中的種種謎團》（青春出版社，2020，台灣由楓葉社出版）
- 小平邦彥編，《學習數學的新方法》（岩波書店，2015年）
- 大栗博司著，《用數學的語言看世界：一位博士爸爸送給女兒的數學之書，發現數學真正的趣味、價值與美》（幻冬社，2015，台灣由臉譜出版）
- 松尾豐著，《了解人工智慧的第一本書：機器人和人工智慧能否取代人類？》（KADOKAWA，2015，台灣由經濟新潮社出版）
- 齋藤寛靖著，《現在有辦法解答了！大人的東大入學數學考題》（講談社，2014）
- 黒川信重、小山信也著，《ABC猜想入門》（PHP，2013）
- 吉永良正著，《神所愛的天才數學家》（角川Sophia文庫，2013）
- 大田春外著，《連結高中與大學的幾何學》（日本評論社，2010）
- E.T. Bell著，《大數學家》（早川書房，2003，台灣由九章出版）
- 藤原正彥著，《天才的榮光與挫折：數學家列傳》（新潮社，2002）
- 富永裕久著，《圖解雜學——費馬最後定理》（Natsume社，1999）
- 矢野健太郎著，《偉大的數學家》（新潮社，1980）
- 矢野健太郎著，《數學問題信箱》（講談社，1979）
- 矢野健太郎著，《數學的思考方式》（講談社，1964）
- 遠山啓著，《數學入門 上》（岩波書店，1959）

戴上數學的眼鏡看世界

零基礎也能培養數感，練究數學思維，避開數字與統計陷阱，做出更明智的決策

世界が面白くなる！身の回りの数学

作者	佐佐木淳
譯者	林雯
封面設計	許紘維
特約編輯	張瑋珍
內頁排版	高巧怡
行銷企劃	蕭浩仰、江紫涓
行銷統籌	駱漢琦
業務發行	邱紹溢
營運顧問	郭其彬
責任編輯	賴靜儀
總編輯	李亞南
出版	漫遊者文化事業股份有限公司
地址	台北市103大同區重慶北路二段88號2樓之6
電話	(02) 2715-2022
傳真	(02) 2715-2021
服務信箱	service@azothbooks.com
網路書店	www.azothbooks.com
臉書	www.facebook.com/azothbooks.read
發行	大雁出版基地
地址	新北市231新店區北新路三段207-3號5樓
電話	(02) 8913-1005
訂單傳真	(02) 8913-1056
初版一刷	2024年12月
定價	台幣380元

ISBN 978-626-409-041-4

國家圖書館出版品預行編目 (CIP) 資料

戴上數學的眼鏡看世界：零基礎也能培養數感, 練究數學思維, 避開數字與統計陷阱, 做出更明智的決策 / 佐佐木淳著 ; 林雯譯. -- 初版. -- 臺北市 : 漫遊者文化事業股份有限公司出版 : 大雁出版基地發行, 2024.12
200 面 ; 14.8×21 公分
譯自 : 世界が面白くなる! 身の回りの数学
ISBN 978-626-409-041-4 (平裝)
1.CST: 數學 2.CST: 通俗作品
310 113017796